ZBrush
& 3ds Max
游戏角色创作实战教程

主　编　钟日辉　赵伟明
副主编　邹芳明　王康慧　荣琪明

暨南大学出版社
JINAN UNIVERSITY PRESS

中国·广州

图书在版编目（CIP）数据

ZBrush & 3ds Max 游戏角色创作实战教程/钟日辉，赵伟明主编；邹芳明，王康慧，荣琪明副主编. —广州：暨南大学出版社，2014.6
ISBN 978 - 7 - 5668 - 0602 - 4

Ⅰ．①Z…　Ⅱ．①钟…②赵…③邹…④王…⑤荣…　Ⅲ．①三维动画软件
Ⅳ．①TP391.41

中国版本图书馆 CIP 数据核字（2013）第 116889 号

⋯⋯⋯⋯⋯⋯⋯⋯⋯⋯⋯⋯⋯⋯⋯⋯⋯⋯⋯⋯⋯⋯⋯⋯⋯⋯⋯⋯⋯⋯⋯⋯⋯⋯⋯⋯⋯

ZBrush & 3ds Max 游戏角色创作实战教程
主　　编：钟日辉　赵伟明
副 主 编：邹芳明　王康慧　荣琪明

策划编辑：史学英
责任编辑：侯丽庆
责任校对：张　婧

地　　址：中国广州暨南大学
电　　话：总编室（8620）85221601
　　　　　营销部（8620）85225284　85228291　85228292（邮购）
传　　真：（8620）85221583（办公室）　　85223774（营销部）
邮　　编：510630
网　　址：http：//www.jnupress.com　http：//press.jnu.edu.cn
排　　版：广海照排设计中心
印　　刷：广东广州日报传媒股份有限公司印务分公司
开　　本：787mm×1092mm　1/16
印　　张：19.75
字　　数：405 千
版　　次：2014 年 6 月第 1 版
印　　次：2014 年 6 月第 1 次
印　　数：1—3000 册
定　　价：49.80 元（附送 DVD 光盘）

（暨大版图书如有印装质量问题，请与出版社总编室联系调换）

内容简介

学习使用 ZBrush 最强大完美的建模功能是做出完美艺术作品的第一步。数字雕塑教师会使用它独特的雕塑技法带领你轻松掌握 ZBrush 的建模技巧，并完成你的第一幅艺术作品。

ZBrush 最强大的建模功能一直是每一位艺术创作者所青睐的，但是无论是时间的推移还是版本的更新，只有充满对艺术的幻想及渴望，还有对艺术的真诚，才能使用简单的操作创造出无限的可能。从本书中你可以学到从一个简单的 Z-Sphere 速写到一个完整的超人塑造的全过程，使用 ZBrush 强大的笔刷去创造你心目中的角色等技巧。你还会学到一个作品在创作过程中是如何改进的。书中的这些技巧将会帮助你达到一个新的技术层面。

《课堂系列之 ZBrush 与 3d Max》定位于 ZBrush 角色制作的经验技巧，用两种方法制作两个实例。首先是男性人体的制作，使用对称 ZSpheres 工具创建实例超人的基础模型，然后在大形的基础上刻画肌肉并添加细节；女性人体的制作使用的是完全不对称雕刻法，相当于传统雕刻法，用 Box 工具雕刻大形，再深入刻画细节。本书最重要的是引导读者在学习过程中归纳总结自己的学习方法，尽量以自己的思想为主导进行灵活操作，但不离最终效果。

1　游戏的诞生

1.1　游戏发展历史

网络游戏市场的迅速膨胀刺激了网络服务业的发展，网络游戏开始进入收费时代，许多消费者都愿意支付高昂的费用来玩网络游戏。从《凯斯迈之岛》的每小时 12 美元到 GEnie 的每小时 6 美元，第二代网络游戏的主流计费方式是按小时计费，尽管有过包月计费的特例，但未能形成气候。

1978 年在英国的埃塞克斯大学，罗伊·特鲁布肖用 DEC - 10 编写了世界上第一款 MUD 游戏——"MUD1"，这是一个纯文字的多人世界，拥有 20 个相互连接的房间和 10 条指令，用户登录后可以通过数据库进行人机交互，或通过聊天系统与其他玩家交流。

1980 年埃塞克斯大学与 ARPAnet 相连后，来自国外的玩家大幅增加，吞噬了大量的系统资源，致使校方不得不限制用户的登录时间，以减少 DEC - 10 的负荷。20 世纪 80 年代初，巴特尔出于共享和交流的目的，把 MUD1 的源代码和盘托出，供同事及其他大学的研究人员参考，于是这套源代码就被流传了出去。到 1983 年末，ARPAnet 上已经出现了数百份非法拷贝，MUD1 在全球各地迅速流传开来，并出现了许多新的版本。如今，这套最古老的 MUD 系统已被授权给美国最大的在线信息服务机构之一——CompuServe 公司，易名为"不列颠传奇"，至今仍在运行之中，成为运作时间最长的 MUD 系统。

1.2　游戏的分类

关于电子游戏分类概述，现阶段网络上呈现给玩家的游戏样式很多，相信很多玩家都不知道自己玩的是什么类型的网络游戏，今天我们在这里给大家介绍一下游戏分类，希望大家以后能对游戏有个初步的认识，避免将各种游戏混为一谈。

1.2.1　编辑本段电子游戏分类 RPG = Role-Playing Game：角色扮演游戏

角色扮演游戏是由玩家扮演游戏中的一个或数个角色，有完整故事情节的游戏。玩家可能会将其与冒险类游戏混淆，其实区分两者很简单，RPG 游戏更多强调的是剧情发展和个人体验。一般来说，RPG 可分为日式和美式两种，主要区别在于文化背景和战斗方式。日式 RPG 多采用回合制或半即时制战斗，如《最终幻想》系列，大多国产中文 RPG 也可归为日式 RPG 之列，如大家熟悉的《仙剑》、《剑侠》等；美式 RPG 有《暗黑破坏神》系列等。

1.2.2　ACT = Action Game：动作游戏

动作游戏是由玩家控制游戏人物，采用各种武器消灭敌人以过关的游戏，不追求故事情节，如熟悉的《超级玛丽》、可爱的《星之卡比》、华丽的《波斯王子》等等。电脑上的动作游戏大多脱胎于早期的街机游戏和动作游戏，如《魂斗罗》、《三国志》、《鬼泣》系列等，设计主旨是面向普通玩家，以纯粹的娱乐休闲为目的，一般有少部分简单的解谜成分，操作简单，易于上手，紧张刺激，属于"大众化"游戏。

1.2.3　AVG = Adventure Game：冒险游戏

冒险游戏是由玩家控制游戏人物进行虚拟冒险的游戏。与 RPG 不同的是，AVG 的特色是故事情节往往以完成一个任务或解开某些谜题的形式出现，而且在游戏过程中刻意强调谜题的重要性。AVG 也可再细分为动作类和解谜类两种，动作类 AVG 可以包含一些格斗或射击成分，如《生化危机》系列、《古墓丽影》系列、《恐龙危机》等；而解谜类 AVG 则纯粹依靠解谜拉动剧情的发展，难度系数较大，如超经典的《神秘岛》系列。

1.2.4　SLG = Simulation Game：策略游戏

策略游戏是玩家运用策略与电脑或其他玩家较量，以取得各种形式胜利的游戏，或统一全国，或开拓外星殖民地。策略游戏可分为回合制和即时制两种，回合制策略游戏，如大家喜欢的《三国志》系列、《樱花大战》系列；即时制策略游戏，如《命令与征服》系列、《帝国》系列、《沙丘》系列等。后来有些媒体细分出模拟经营，即 SIM（simulation）类游戏，如《模拟人生》、《模拟城市》、《过山车大亨》、《主题公园》等；TCG（养成类）游戏，如《明星志愿》等。

1.2.5　RTS = Real-Time Strategy Game：即时战略游戏

即时战略游戏本来属于策略游戏 SLG 的一个分支，但由于其在世界上迅速风靡，因此慢慢发展成一个单独的类型，知名度甚至超过了 SLG，有点像现在国际足联和国际奥委会的关系。其代表作有《红色警戒》系列、《魔兽争霸》系列、《帝国时代》系列、《星际争霸》系列等等。后来，又衍生出了所谓的"即时战术游戏"，它多以控制一个小队完成任务的方式来进行游戏，突出战术的作用，以《盟军敢死队》为代表。

1.2.6　FTG = Fighting Game：格斗游戏

格斗游戏是由玩家操纵各种角色与电脑或另一玩家所控制的角色进行格斗的游戏。按呈画技术可再分为 2D 和 3D 两种，2D 格斗游戏有著名的《街霸》系列、《侍魂》系列、《拳皇》系列等；3D 格斗游戏如《铁拳》、《高达格斗》等。此类游戏谈不上什么剧情，最多有个简单的场景设定或背景展示，场景、人物、操控等也比较单一，但操作难度较大，主要依靠玩家迅速的判断力和微操作取胜。

1.2.7　STG = Shooting Game：**射击类游戏**

这里所说的射击类游戏并不是类似《VR 特警》的模拟射击（枪战），而是指纯粹的飞机射击，由玩家控制各种飞行物（主要是飞机）完成任务或过关的游戏。此类游戏分为两种，一种叫科幻飞行模拟游戏（Science-Simulation Game），非现实的，以想象空间为内容，如《自由空间》、《星球大战》系列等；另一种叫真实飞行模拟游戏（Real-Simulation Game），以现实世界为基础，以真实性取胜，追求拟真，达到身临其境的感觉，如 *Lockon* 系列、*DCS*、《苏 –27》等等。

1.2.8　FPS = First Personal Shooting Game：**第一人称视角射击游戏**

严格来说，它属于动作游戏的一个分支，与 RTS 一样，由于其在世界上迅速风靡，因此发展成一个单独的类型，典型的有《使命召唤》系列、*DOOM* 系列、*QUAKE* 系列、《虚幻》、《半条命》、*CS* 等等。

1.2.9　PZL = Puzzle Game：**益智类游戏**

Puzzle 的原意是指以前用来培养儿童智力的拼图游戏，后来引申为各类有趣的益智游戏，总的来说适合休闲，最经典的就是大家耳熟能详的《俄罗斯方块》。

1.2.10　**体育竞技**

体育竞技是模拟各种体育赛事的游戏，比如《实况足球》等。RCG = Racing Game：竞速游戏（也有人称之为 RAC）。在电脑上模拟各类赛车运动的游戏，通常是在比赛场景下进行，非常讲究图像音效技术，往往代表电脑游戏的尖端技术。惊险刺激，真实感强，深受车迷喜爱，代表作有《极品飞车》、《山脊赛车》、《摩托英豪》等。另一种说法称之为 "Driving Game"。目前，RCG 的内涵越来越丰富，出现了一些其他模式的竞速游戏，如赛艇、赛马等游戏。

1.2.11　CAG = Card Game：**卡片游戏**

卡片游戏是指玩家操纵角色通过卡片战斗模式来进行的游戏。丰富的卡片种类使得游戏富于多变性，给玩家以无限的乐趣，代表作有著名的《游戏王》系列，卡片网游《武侠 Online》，从广义上说，《王国之心》也可以归于此类。

1.2.12　TAB = Table Game：**桌面游戏**

顾名思义，桌面游戏是从以前的桌面游戏脱胎到电脑上的游戏，如各类强手棋（即掷骰子决定移动格数的游戏），经典的如《大富翁》系列；棋牌类游戏也属于TAB，如《拖拉机》、《红心大战》、《麻将》等。

1.2.13　MSC = Music Game：**音乐游戏**

音乐游戏是培养玩家音乐敏感性，增强音乐感知的游戏。伴随着美妙的音乐，有的要求玩家翩翩起舞，有的要求玩家做手指体操，例如，大家都熟悉的跳舞机就是个典型，目前的人气网游《劲乐团》也属其列。

1.2.14　WAG = Wap Game：手机游戏

目前游戏随处可以玩，连手机也必带有休闲游戏，在网民最喜欢的手机游戏种类中，益智类比率最高，其次依次为动作类、战略类、模拟类、射击类。列举几个手机游戏的例子：《金属咆哮》、《FF7 前传》等。

1.2.15　MUD = Multiple User Domain：泥巴游戏

泥巴游戏主要是依靠文字来进行的游戏，以图形作为辅助。1978 年，英国埃塞克斯大学的罗伊·特鲁布肖用 DEC – 10 编写了世界上第一款 MUD 游戏——"MUD1"。这是第一款真正意义上的多人交互式网络游戏，是一个纯文字的多人世界。其他代表作有《侠客行》、《子午线 59》、《万王之王》等。

2 雕刻的基本认识

ZBrush 是一款可以让艺术家尽情创作的设计软件，它兼备 2D 软件的易操控性以及 3D 软件的造型功能，因此业界又称它为 2.5D 软件。本章我们将会讲到如何运用 ZBrush 进行雕刻，从而创建角色。在此过程中，我们将会学到 ZBrush 中的一些雕刻工具以及详细解剖人类形体的重要结构和工作流程。

2.1 雕刻的基本认识

2.1.1 什么是雕刻

在某种材质上通过雕刻创造出具有一定空间可视、可触的艺术形象，可以表达出审美感受、理想的艺术。要把握好角色，雕刻时就要多注重它的协调性、结构、姿势，还有比例。

2.1.2 雕刻前的准备

ZBrush 软件是艺术家的好伙伴，希望通过这次的学习，你能够有所收获。在创作角色前，我们需要做好以下几个方面。

首先，角色创作之所以有如此大的吸引力，是因为它给了艺术家无穷的想象空间，但这些创作的前提都是要在骨骼等正确的人体结构上创作，而不是盲目想象。因此在正式制作前，我们需要对人体肌肉结构及其基本造型有清晰的认识，这样雕刻起来才能准确地把握好角色。

其次，在正常情况下，我们都不会在 ZBrush 软件里制作动画，通常完成角色后都会把模型导入其他软件，如 3dmax、Maya 等软件当中拓扑、材质、动画等结合使用，因此我们有必要掌握至少一款的三维动画软件以及了解模型动画的基本布线，包括它的流程和走向。（我们出版的另一本《3dmax 高级角色建模》书中详细介绍了 3dmax 各种动画的基本布线。）

最后，在雕刻过程中，我们需要保持一份热情和耐心。很多功能和操作，不需要一下子全弄懂，我们可以通过学习，一步步慢慢地接触、熟悉。创作不是一两下功夫就可以完成的事情，刚开始雕刻出来的作品可能未必会让自己满意，但只要遵循着我们制作的方法和思路去学习，不断修改完善，不停地反复练习，相信不久，你就能雕刻出属于自己的角色模型。

2.1.3 ZBrush 软件界面

软件默认界面设计简洁、专业（见图 2－1），功能处理颇具人性化，以直观模式来进行建模，具有强大的雕刻工具和复杂功能，是一款非常优秀的雕刻软件。

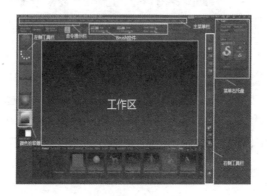

图 2－1

2.1.4 基本流程

在正式学习雕刻之前，我们先来大概了解一下雕刻的基本流程。

在 LightBox 上选择适合的球体，双击 ＞ 按下快捷键"X"激活对称模式 ＞ 在笔刷栏上选择要用的笔刷类型 ＞ 在工作区中进行雕刻创作 ＞ 雕刻完成后，按 Tool 菜单下"Save As"按钮保存（见图 2－2）。

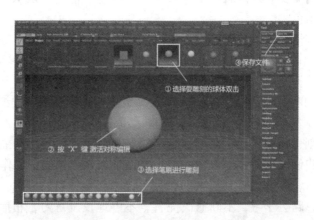

图 2－2

【小贴士】如果之前已在其他三维模型软件中创建好基本形体，那么就在"Import"下导入 OBJ 文件，再按快捷键"T"进入编辑模式。

2.2   ZBrush 笔刷

笔刷是 ZBrush 软件中强大的工具之一，它提供了大量的笔刷类型（见图 2 - 3），能很好地与 Alpha 图形结合，丰富模型的细节，同时，ZBrush 还提供了强大的笔刷预设和直观的参数调整，完全满足雕刻的需求。强大的功能加上无限的想象，我们一定可以雕刻出属于自己的作品。

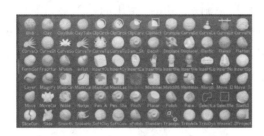

图 2 - 3

【小贴士】按住"Alt"键，笔刷往反方向雕刻。

2.2.1   基本笔刷

ZBrush 里的每一种笔刷都有自身的特点和功能，我们在雕刻时要学会灵活运用。下面我给大家介绍一下基本笔刷的应用。

 Standard 笔刷：是常用的通用雕刻笔刷，让顶点向外凸起。

 Move 笔刷：笔刷衰减区域下移到顶点，在调整大形时非常适合使用。

 Flatten 笔刷：把多个面挤压成一个平面，在表现块面感和结构时起很大作用。

 Clay 笔刷：多用途笔刷，能雕刻出像黏土的效果。

 Pinch 笔刷：收缩笔刷，可雕刻出真实的坚硬边缘。

 Smooth 笔刷：使用时按"Shift"键，可使凸起区域有效平滑。

Magnify 笔刷：通过偏移顶点使物体表面膨胀。

SnakeHook 笔刷：能拖拽出圆锥角的形状。

Layer 笔刷：添加固定的深度图层，通常可用来制作盔甲磨损。

Slash3 笔刷：刀刻效果，通常用于雕刻图案纹理。

Standard（标准）：标准笔刷是 ZBrush 常用的基本雕刻笔刷，在默认值状态下，可以让顶点向外凸起，造成在雕塑上增加黏土的效果。这个笔刷可以和所有定制笔刷工具一起工作，例如笔画、阿尔法、编辑曲线等等。按下"Alt"键，可以让标准笔刷产生向下凹的效果。

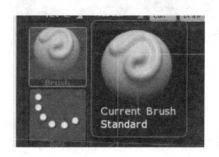

图 2 - 4

Move（移动）：实现移动顶点的功能。在 ZBrush2 中，可以通过激活 Transform：Edit 和 Move 来实现移动顶点。在 ZBrush3 中，这个笔刷让你可以在 Transformraw 模式下移动。

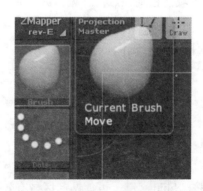

图 2 - 5

　　例如，Move 可以很容易地改变面部的特征、表达情绪，还可以让脸部出现更加自然的不对称性。如图 2-6 所示，三个笔刷方向给了模型一个微微弯曲的微笑，并且让一只眼睛明显高于另一只眼睛。

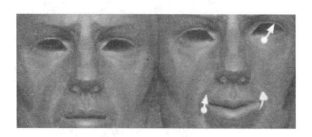

图 2-6

　　Move 不能使用某些修饰笔刷的工具（如笔画等），ZBrush2.0 的移动模式现在被用于移位功能。移位功能可以很容易很有力地操作你的模型，包括你在 ZBrush2.0 中习惯地移动、缩放、旋转等，再加上摆放姿态、容易地变化局部坐标、放置次工具等很多其他的功能。

　　Move 笔刷以屏幕的 x、y 轴为平面来移动顶点，移动顶点的数量取决于笔刷的尺寸和笔刷的编辑曲线。另外，当 Move 笔刷受遮罩时，没有遮罩的点可以移动，被遮罩的点不能移动。而部分被遮罩的点按照它们被遮罩的比例进行移动。

　　Magnify（膨胀）：Magnify 笔刷从光标下移动顶点，可以任意地偏移顶点使它们膨胀；这个笔刷与捏挤笔刷（Pinch Brush）刚好相反。在 DragDot 笔画模式下使用笔刷移动顶点时，那些顶点好像看上去膨胀了，故命名为膨胀笔刷。

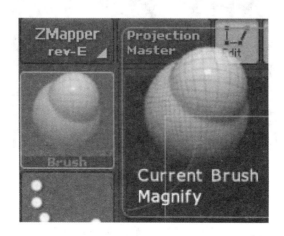

图 2-7

使用标准笔刷和扩大笔刷的区别，如图 2 - 8 所示（左为标准笔刷）。

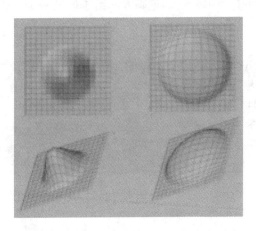

图 2 - 8

膨胀控制

当 Brushmod 滑杆被选择时，如果数值为 0，则不会改变表面的高度。但是顶点仍然会沿着模型表面向外推挤。Brushmod 滑杆的数值决定有多少顶点从表面向外推挤。

Pinch（捏挤）：刚好和膨胀笔刷（Magnify Brush）相反，这个笔刷在制作衣纹或是皱纹时非常有用，它能够雕刻出任何形式的坚硬边缘。Pinch 笔刷允许艺术家沿着模型表面雕刻真实的坚硬边缘细节。

图 2 - 9

捏挤控制

当 Pinch 笔刷被选择时，笔刷下的顶点沿着模型的表面捏挤。Brushmod 滑杆的正值将导致顶点向表面外捏挤，负值将导致向内捏挤。ZIntensity 具有控制捏挤笔刷效果的作用。

　　Blob（点滴）：Blob 笔刷能非常快地产生一些有机效果。与其他笔刷相比，它在统一的笔画下能够在表面创建不规则的效果，这意味着 Blob 笔刷能创建不规则的点滴，这也是笔刷名字的来源。Brushmod 滑杆控制着笔刷将由点沿表面推出（凸起）或是推入（凹下）。

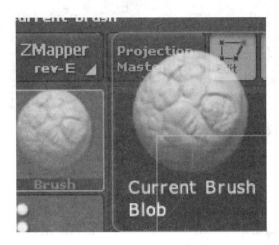

图 2 – 10

　　Flatten（展平）：Flatten 笔刷可以让你很容易地"压下"模型的一部分，使之成为平面；另外，也可以提高或降低展平的这部分表面。使用 Flatten 笔刷能在模型表面增加粗糙的平面。

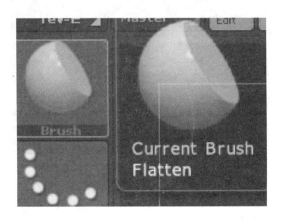

图 2 – 11

展平控制

展平笔刷是将笔刷下的模型表面展为平面，同时可以把这个区域向里推或是向外拖。Brushmod 滑杆控制着笔刷从什么区域被凸起展平（为正值）或是凹下展平（为负值），默认值为 0 表示将模型表面在原来的高度上展平。

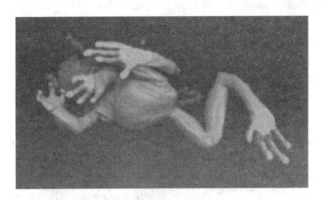

图 2-12

Layer（层）：Layer 笔刷可以用一个固定的数值提高（如果 ZSub 打开，则是降低）模型的表面，这个数值由 ZIntensity 的大小决定。当 Layer 笔刷的笔画自身重合时，笔画重叠的部分不会再次被位移，这使得 Layer 笔刷只需要很简单地横刷模型表面，就可以用固定值改变整个区域的位移。

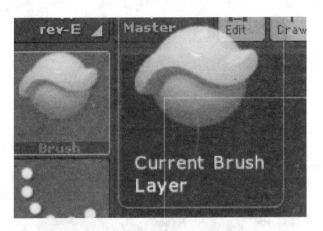

图 2-13

层控制

Layer 笔刷的 Brushmod 滑杆参数和其他笔刷不同，它没有负值。调整的范围是

0～100。参数越大，Layer 笔刷造成的位移效果就越明显。

　　Nudge（推动）：Nudge 笔刷允许你在模型表面上移动顶点，这些移动的顶点仍然停留在模型原来的表面上。而 Move 笔刷是不同的，这些顶点只是在屏幕的 x、y 轴平面上移动。

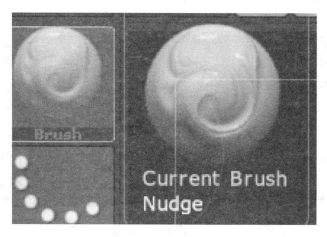

图 2-14

　　SnakeHook（蛇钩）：SnakeHook 笔刷允许你在 3D 表面很容易地拔出牛角、卷须和其他的挤压类型。这在早些时候需要多种工具并且需要更多的时间才能完成。选择 SnakeHook 笔刷将 ZIntensity 设为 100，使用 Dots 笔画类型在模型的一个区域内拖动，挤压物体将在笔刷下被拔出来。拔出的物体和它们开始的表面成垂直方向。

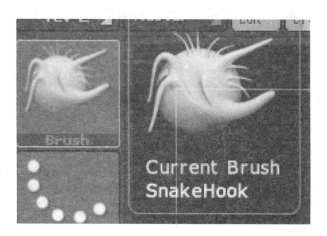

图 2-15

关于 SnakeHook 笔刷重要的一点是，它需要相当多的多边形来支持被挤压的表面，你需要确定你的模型有足够多的面来支持你所做的挤压。你可以采用以下两种方法：

　　（1）细分整个模型，需要使用 HD Sculpting。

　　（2）从你将要挤压的表面进行局部细分。这需要将你的模型的细分等级设到最低，与细分整个模型相比，它将少增加很多多边形。

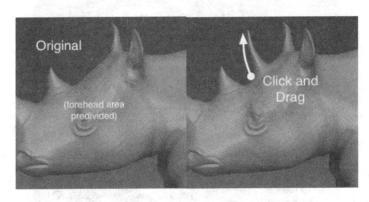

图 2 – 16

SnakeHook 控制

　　SnakeHook 笔刷是从模型的表面拉扯出一个挤压物体，Brushmod 滑杆的数值控制从表面拉扯出的角度。一个比较低的数值将导致挤压物体向屏幕内方向拉扯。数值为 0 时将完全平行于屏幕的平面，高数值将向用户的方向拉扯。当你使用 SnakeHook 笔刷向自己拉扯时，要确保 Brushmod 滑杆是比较高的数值，否则，你拉扯不出任何东西。数值为 100 时则完全垂直于屏幕的平面。当你向模型表面的一侧拉扯时，拉扯出的挤压物体将跟随鼠标。

2.2.2　存储自定义笔刷

　　ZBrush 软件人性化设计的体现之一是可将艺术家常用的笔刷作为每次启动软件时在笔刷栏下的默认笔刷。这样为我们节省了每次启动软件都要先找笔刷的时间。存储自定义笔刷方法很简单，步骤如下（见图 2 – 17）：

　　（1）点击菜单下的 Preferences 面板，展开 Config 面板。

　　（2）激活 Enable Customize 自定义界面。

　　（3）展开菜单下的 Brush 面板，选择所需要的笔刷，按"Alt + Ctrl"键把所选的笔刷图标拖动到笔刷栏上。

　　（4）选择好自定义笔刷后，再次按 Enable Customize 退出自定义界面。最后点击 Store Config 进行保存。

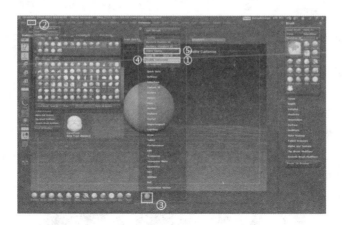

图 2 – 17

2.2.3　自定义笔刷快捷键

ZBrush 另一个人性化的笔刷设计是自定义笔刷快捷键。在正常情况下，当我们要转换笔刷时，先把鼠标移动到笔刷栏上，然后点击选取，如果自定义了笔刷快捷键，则只需按快捷键，就能马上转换到你所需要的笔刷类型，从而有效地提高效率。自定义笔刷快捷键的方法也很简单，步骤如下（见图 2 – 18）：

（1）同时按"Alt + Ctrl"键，不松手，把鼠标移动到需要自定义笔刷的图标上，点击。

（2）这时笔刷已进入自定义快捷键模式下，我们可以按自己的习惯在键盘上设定快捷键。

（3）设定其他笔刷方法如上，设定完成后，在 Preferences 菜单栏下展开 Hotkeys 面板，点击 Store 进行保存。

图 2 – 18

2.3 遮罩与变换

2.3.1 遮罩

Mask 遮罩可以对模型的某一个区域进行保护，意思是在雕刻时，被遮罩了的区域不会发生任何改变。创建遮罩的方法很简单，主要有以下两种：

第一，在编辑模式状态下，按住"Ctrl"键，在画布空白处拖拉出一个黑色矩形框，被黑色矩形框框选的区域就是被遮罩的地方。确定好模型遮罩的区域后，松开鼠标，完成遮罩（见图2-19）。

图 2 - 19

第二，手动，直接用画笔绘制出遮罩区域。在编辑模式状态下，按住"Ctrl"键不松手，在圆球表面上直接绘制遮罩区域，按住"Ctrl + Alt"键删除遮罩。完成遮罩后，对圆球进行膨胀处理，我们可以发现，遮罩后的区域不能进行任何编辑（见图2-20）。

图 2 - 20

清除遮罩

取消遮罩，首先按住"Ctrl"键不松手，点击鼠标左键，在画布空白区域拖拉矩形框（矩形框不框选任何物体），松开鼠标，这时模型上的遮罩全部被清除（见图2-21）。

图 2 - 21

反转遮罩

按住"Ctrl"键，在画布空白区域点击鼠标左键，可反转遮罩位置（见图 2-22）。

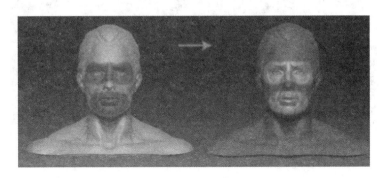

图 2-22

Alpha 图形遮罩

遮罩可以与 Alpha 图形完美地结合使用，能以 Alpha 笔刷作为遮罩图形，创建方法如下：

在编辑状态下，按住"Ctrl"键不松手，点击左侧工具栏的 Alpha 面板，选择适合的图案，再点击笔刷模式，选择 DragRect。完成后，把鼠标移动到模型表面，拖拉出以 Alpha 图形为遮罩的蒙版（见图 2-23）。

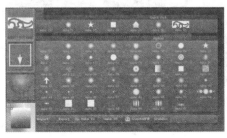

图 2-23

2.3.2　移动、旋转、缩放控制

变换选择，对于模型外观调整是必不可少的工具，它不需要绑定骨骼，就可以随意调整模型的姿势，操作方便。正确使用变换工具对我们的雕刻会起到很大的帮助作用，这也是 ZBrush 强大的功能之一。

 Move 移动 "W"

点击移动线中心的白圈，以模型为中心进行整体移动。而操作两边的红圈则是以另一端的红圈为轴的中心移动（见图2-24）。

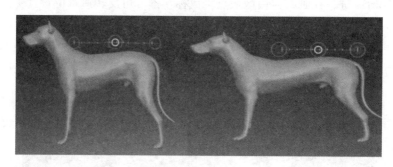

图2-24

 Scale 缩放 "E"

想要对变换线的位置更改，可以选择变换线的三个橙色圆圈，点击移动即可。

调整缩放线中心的白圈，同样是以模型为中心缩放，而两边的红圈则以它们相对的圈为中心移动（见图2-25）。

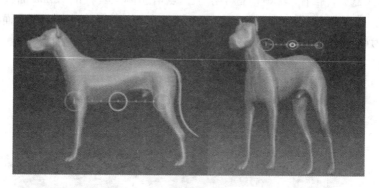

图2-25

 Rotate 旋转 "R"

按旋转线的方向上下拖动，可调整模型角度。我们总结一下变换线操作，红色圈和白色圈是改变模型形态的，而外边的三个橙色圈则是用来改动变换线的位置的（见图2-26）。

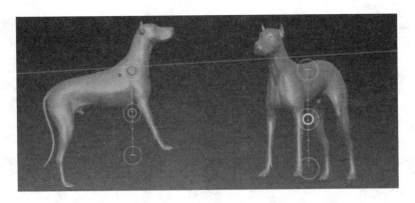

图 2 – 26

2.3.3   遮罩变换结合

在遮罩区与非遮罩区之间的模糊边界上，按住"Ctrl"键不松手，用鼠标左键单击遮罩之间的边界。这时我们发现，边界的过渡变得越来越柔和，因此，当我们再次调整移动线时，模型之间的转折也会变得相对柔和起来（见图 2 – 27）。

图 2 – 27

前面我们给大家分别讲解了蒙版和变换的基本运用，接下来通过具体实例来调整人体姿势，给大家介绍怎样让遮罩和变换完美地结合使用。掌握好这一技巧，对我们的模型创作会有很大的帮助。制作步骤如下：

（1）首先激活工具栏上的 Rotate 旋转按钮，或直接按"R"快捷键，进入旋转模式，视图中会出现一条旋转线，把鼠标移动到模型表面，按住"Ctrl"键不放，同时按住鼠标左键，由左手向胸腔方向拖拽，将左手区域进行遮罩（见图 2 – 28）。

（2）按住"Ctrl"键，在画布空白区域点击鼠标左键，反转遮罩，继续按"Ctrl"键不松手，用鼠标左键单击遮罩之间的边界，使边界变得柔和。完成操作后，以手臂为轴心重新拖拽旋转线，调整姿势（见图 2 – 29）。

（3）与调整其他部分方法一样，通过旋转、移动、缩放以及遮罩互相配合使用，调整出自己想要的姿势（见图 2 – 30）。

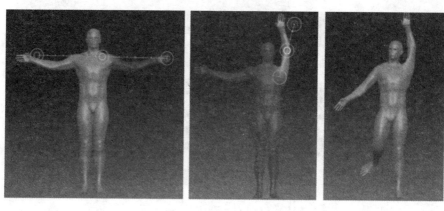

图 2 – 28　　　　　　　　图 2 – 29　　　　　　　　图 2 – 30

3 头骨的雕刻和脸部肌肉的介绍

3.1 脸部比例

人最重要的是脸部，下面说一下脸部的比例。

人的正脸有一个比例叫做"三庭五眼"，这个词很正确地概括了人脸部的比例。"三庭"是指：从发际线至眉毛的距离为"第一庭"；从眉毛至鼻底的距离为"第二庭"；从鼻底至下颚的距离为"第三庭"。人的脸在纵向上又可以等分为两部分，眼睛就是分界线。说完"三庭"，还有"五眼"。五眼是指：在人脸横向上有五只眼睛的距离。两只眼睛内眼角之间的距离为一只眼睛的距离，眼尾至耳朵的距离为一只眼睛的距离（见图 3 − 1）。

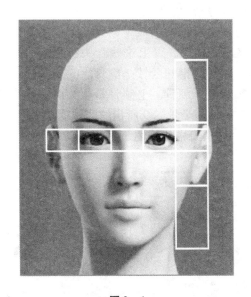

图 3 − 1

人的侧脸会出现两个正方形。第一个正方形是指眼尾至耳朵前端的距离等于眼睛至嘴角的距离；第二个正方形是指眼尾至耳后的距离等于眼睛至下颚的距离（见图 3 − 2）。

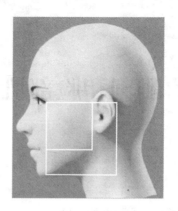

图 3-2

我们已经把脸部的比例讲解了一下，知道了人脸有"三庭五眼"之分。众所周知，人是由骨头和肌肉组成的，接着我们简单地讲解一下头骨的结构和脸部的肌肉。

3.2 头骨的结构

先来了解一下头骨上有哪几块比较大形的骨头。

如图 3-3 所示，这是一张头骨的侧面图。

①所指的区域是顶骨。②所指的区域是颞骨，下面突起的是乳突，这是一个很重要的知识点。③所指的区域是枕骨。以上这些骨头都是指后脑，它的大形很重要，在雕刻头骨的时候要把握好。④所指的区域是额骨。⑤所指的区域是颧骨，前面突起的地方是颧突。⑥所指的区域是上颌骨。上颌骨是很大的，一直到眼眶下限。⑦所指的区域是下颌骨。⑧所指的区域是鼻骨。⑨所指的区域就是牙齿。

如图 3-4 所示，是一张头骨的正视图。

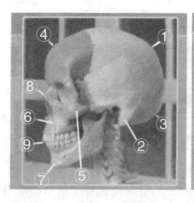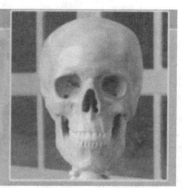

图 3-3   图 3-4

我们来讲解一下，雕刻头骨时需要注意的一些问题。眼眶的形状，是一个椭圆形的，不是圆形的，形状如图3-4所示。额骨那里有个结节，很重要。还要注意的是，眼眶是有厚度的。

3.3　脸部肌肉

　　如图3-5所示是一个脸部的肌肉图，我们来研究一下脸上有哪些肌肉，它们各叫什么名字。

　　我们依次讲一下肌肉的名称和作用。额肌，它是包裹着额骨的肌肉，所以叫作额肌。在额肌的旁边是颞肌，它覆盖在颞骨上，所以叫作颞肌。在两个眼眶之间有一块肌肉，叫作皱眉肌，我们在皱眉头的时候就是这块肌肉在用力。分布在眼睛周围的肌肉是眼轮匝肌。在皱眉肌的下方、鼻头的上方有个降眉间肌，它的作用是舒展眉头，跟皱眉肌的作用正好相反。分布在嘴周围的肌肉是口轮匝肌。还有个降下唇肌。降下唇肌下面还有个颏肌，是"包裹"着颏隆突的。因为颏肌是很突出的，颏肌上面也没有肌肉，所以在颏肌和下嘴唇中间就出现了一个颏唇沟。连接着口轮匝肌和眼轮匝肌的肌肉叫作上唇方肌，其实在它的下面还有块肌肉，因为看不到，所以就不用记它，但是它是连接口角的肌肉。因为牵扯后面一个很重要的知识点，所以就稍微说一下，它叫作口角肌，它是连接口角和鼻子之间的肌肉。在上唇方肌的旁边有一个颧肌，是口角连到颧骨的肌肉。在颧骨的下方是脸颊，会出现很大一块肌肉，叫作颊肌。在颊肌上方有个咬肌，我们在吃东西的时候，这块肌肉就会发挥作用。最后一块肌肉是在脖子上出现的，这块肌肉比较重要，它是从颞骨上的乳突连接到锁骨的肌肉，叫作胸锁乳突肌。

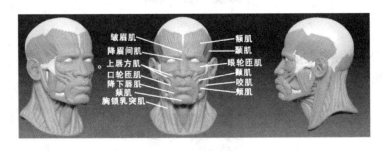

图3-5

3.4　头骨的雕刻

　　关于理论知识，我们已经讲得差不多了，现在来雕刻一个头骨，在雕刻之前说一下雕刻的几个小技巧。

　　（1）雕刻前先理清思路，分析好要创作的模型结构。

（2）从低级别开始雕刻，先确定好大致形体，然后再进一步细分。

（3）雕刻时要经常多角度观察，不要在一个角度停留太久。

（4）在雕刻大致形体时，笔刷尽量放大，便于准确调整。

（5）在创作过程中，要学会按快捷键"Shift"，运用平滑笔刷，避免在模型上出现坑坑洼洼的效果。

（6）除细节以外，平时雕刻不要光是专注于某一块，而要整体地、全面地雕刻，这样可以避免视觉疲劳。

现在来雕一个头骨。在雕头骨之前我们简单地雕刻一下人脸的大形，简单来练习一下，还能让大家知道人脸比骨头多了什么。

3.4.1 头部大形的雕刻

雕刻之前先确认是否在前视图。确认方法：因为开启了对称雕刻，所以看球体上是否有两个点。如果没有，旋转球体，直至出现两个点为止。然后不要松开鼠标或手绘笔，按"Shift"键，将会转至正前视图（见图3-6）。

图 3 - 6

再旋转到侧视图来调节一下大形，头是由两个椭圆形组成的，脖子是从这两个椭圆形中间长出来的（见图3-7）。

图 3 - 7

接着是后视图，如果发现脖子太细了，将它拖粗一点（见图3-8）。

图3-8

再将视图转至前视图，调节一下脸形（见图3-9）。

图3-9

再将视图转至顶视图看一下。从顶视图来看，头的最宽处在从后往前数1/3的地方（见图3-10）。

图3-10

现在将耳朵拖出来，还是用"Move"笔刷。先讲一个知识点，脸前方至耳屏的距离等于耳屏至脑后的距离，由此我们可以确定耳朵的位置（见图3－11）。

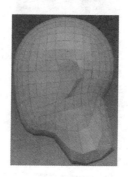

图3－11

耳朵拖拽出来之后，再做下颌支。下颌支是从位于耳屏下面的位置拉出一个转折（见图3－12）。

图3－12

再到正面确定一下脸形。我们会发现因为刚才做下颌支的原因，脸形变成了"国字脸"。下巴也要再做尖一点，转到1/3视图，把脸形修改一下（见图3－13）。

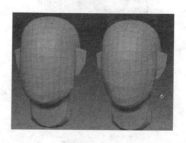

图3－13

再确认一下各视图的大形。发现脖子有点靠后，我们修改一下（见图3－14）。

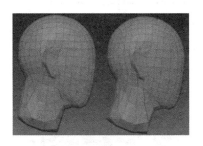

图3－14

观察一下大形，如果发现没问题，就可以加一点面数再雕刻。找到"Tool"菜单"Geometry"选项中的"DynaMesh"，下面有个"Resolution"，将它的数值调到16，然后按下"DynaMesh"，就完成了优化（见图3－15）。

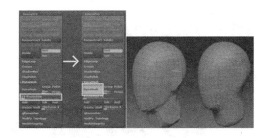

图3－15

因为优化之后会有松弛的现象，所以我们又要重新调整一下大形。首先按照原来的大形把耳朵拖出来。耳朵的大小要适中（见图3－16）。

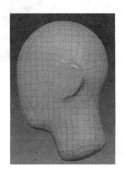

图3－16

脖子也要有个转折，否则会感觉像青蛙（见图 3 - 17）。

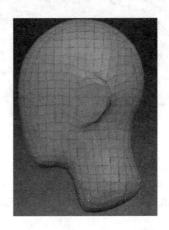

图 3 - 17

旋转至 3/4 视图，发现下颌支的地方没有突出，向下拉出一点转折感，但是要注意脸形（见图 3 - 18）。

图 3 - 18

接下来，定一下脸部的五官。先把眼睛做出来，之前讲过，眼睛是在头顶至下颚的中间位置，用 "Standard" 笔刷，按住 "Alt" 键，将眼睛的位置雕进去（见图 3 - 19）。

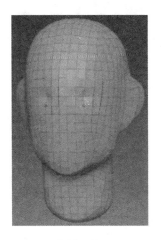

图 3 - 19

眼睛下方没有太大的肌肉，先将眼睛下方雕平。按"Shift + F"键将线框取消掉，然后用"Standard"笔刷，按住"Alt"键，稍微雕下去一点，再按"Shift"键将其松弛展平（见图 3 - 20）。

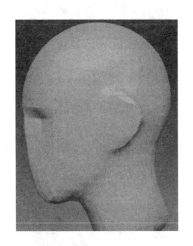

图 3 - 20

然后如侧视图，将鼻子的轮廓调出来。由于我们要拖动点来调整，因此需要再按下"Shift + F"键将线框显示出来。因为线比较少，所以我们按"S"键将笔刷调小一点，再来调整。将鼻根部拉下去一点，鼻头拉起来。鼻根部在眼睛的位置，鼻头要注意"三庭"的距离（见图 3 - 21）。

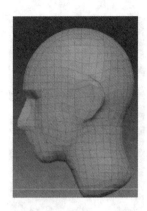

图 3 – 21

因为嘴部周围有口轮匝肌，所以要拖起来一点。如果发现下巴不够尖，也可以拖起来一点（见图 3 – 22）。

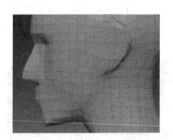

图 3 – 22

接下来转至前视图，观察鼻子的形状，眼部下面是平的，所以鼻翼不要太大。用"Move"笔刷将鼻翼周围的线向鼻子处拖（见图 3 – 23）。

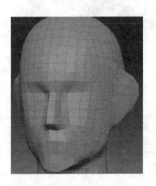

图 3 – 23

接着用"Clay"笔刷，按"Alt"键，将颞窝雕刻出来，注意要与上眼眶有转折（见图3-24）。

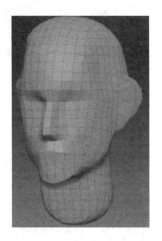

图 3-24

将颧骨用"Clay"笔刷雕刻出来（见图3-25）。

图 3-25

3.4.2　脸部的雕刻与头骨的塑造

从正面看耳朵，有点像招风耳，用"Move"笔刷将上方拖进去一点（见图3-26）。

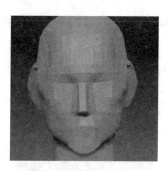

图 3 – 26

再转到后视图，把后面的转折调整一下（见图 3 – 27）。

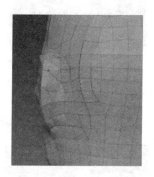

图 3 – 27

再观察一下整体的大形。注意眼眶的形状是椭圆形的，有点像熊猫眼（见图 3 – 28）。

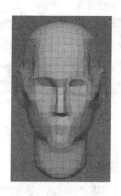

图 3 – 28

大形调整完之后，我们再来细分一次。这次我们把"Resolution"调到数值 32 之后，在空白处按"Ctrl"键框一下（见图3－29）。

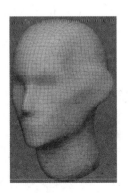

图3－29

细化之后大形还在，我们用"Standard"笔刷将眉弓雕刻出来，把歪眼角与颧骨的转折挖出来，还有内眼角与鼻子的转折。主要把眼眶的大形挖出来（见图3－30）。

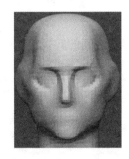

图3－30

把颞窝雕刻出来，凸显出眼眶的厚度（见图3－31）。

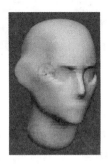

图3－31

口轮匝肌感觉没有肉感，给它增加点肉感，注意口轮匝肌与下巴之间是凹进去的。我们观察一下外眼角，从这个角度看，外眼角是凹进去的（见图3-32）。

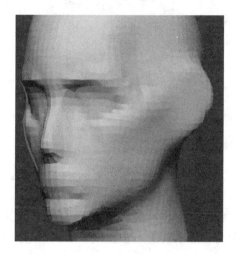

图3-32

耳朵周围要凹进去。后脑与脖子之间的转折也轻微地雕刻一下（见图3-33）。

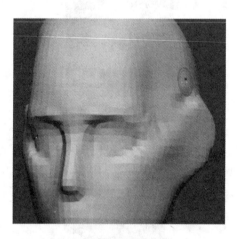

图3-33

把胸锁乳突肌、喉结用"Clay"笔刷雕刻出来。注意：胸锁乳突肌是从耳后的乳突开始长的。胸锁乳突肌的边线，用"Standard"笔刷，按"Alt"键往内雕刻。注意：胸锁乳突肌不要雕刻得太强烈，否则会很难看（见图3-34）。

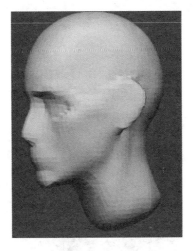

图 3 – 34

后面的脖子上面稍微雕细一点，因为有斜方肌，所以下面稍微雕粗一点。注意：斜方肌是两块肌肉，所以脖子中间要凹下去一点（见图 3 – 35）。

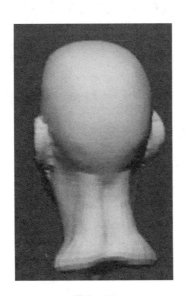

图 3 – 35

把耳朵的形状大致雕刻一下。看一下耳朵的位置，感觉有点向上。耳朵顶部最高的位置高不过上眼眶，最低点不超过鼻底（见图 3 – 36）。

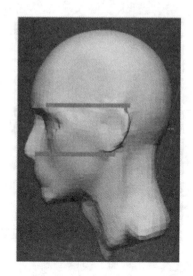

图 3 – 36

重新看一下脸部的比例，感觉鼻子有点短，鼻底到下巴的距离也有点短，下颌支的部分有点圆，针对以上所说调整一下大形（见图 3 – 37）。

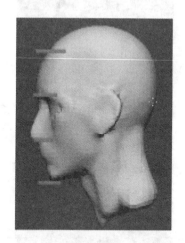

图 3 – 37

下巴那里感觉不够宽，也没有肉感。稍微雕刻一下，注意下巴有点像三角形（见图 3 – 38）。

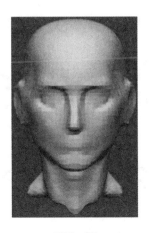

图 3 – 38

现在大形做得差不多了，我们按"Ctrl + D"键细分一下，不用动态网格。因为如果用动态网格细分的话，就会给大形圆滑掉（见图 3 – 39）。

图 3 – 39

把耳朵的大体轮廓勾勒一下，外耳道是个"9"的形状。拖起来，耳屏后面用"Standard"笔刷挖进去，耳垂要雕刻出一点肉感（见图 3 – 40）。

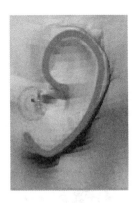

图 3 – 40

把颧骨和眉弓的块面感雕刻出来，颧弓会一直延伸到耳屏偏上一点的地方（见图 3 - 41）。

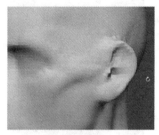

图 3 - 41

调节一下鼻子的形状。鼻根部窄一点；鼻梁宽一点，因为这里是鼻骨的结束处，下面是软骨；接着窄一点，鼻头宽一点（见图 3 - 42）。

图 3 - 42

从侧视图的角度看鼻子侧面的起伏，还是鼻根部最靠里面，慢慢地将鼻头顶起来，注意鼻骨的起伏（见图 3 - 43）。

图 3 - 43

转到3/4视图，用"Clay"笔刷将鼻翼雕刻一下，然后用"Pinch"笔刷将鼻翼周围的线收紧一点。再用"Standard"笔刷按住"Alt"键反向雕刻，确定一下转折（见图3-44）。

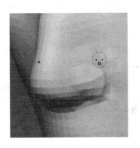

图3-44

注意：鼻头是圆的，把人中的那个地方稍微收进去一点。注意：鼻翼的形状，前面窄，后面比较宽，而且鼻底与水平面有个夹角（见图3-45）。

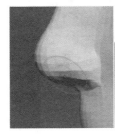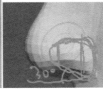

图3-45

雕一下嘴巴，先雕一下下嘴唇。注意：下嘴唇下面还有两块肌肉，是降下唇肌（见图3-46）。

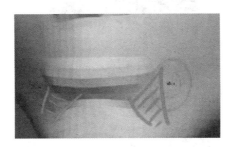

图3-46

用"Standard"笔刷，按住"Alt"键向下雕刻，雕刻出一条嘴线，嘴角要雕刻得深一点，口轮匝肌的形状还是不要改变（见图 3 – 47）。

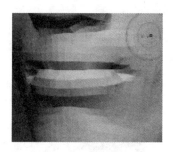

图 3 – 47

　　按下"Shift + F"键，线框显示，用"Move"笔刷把上嘴唇的形状从正视图里拖拽出来。注意：调的时候要把笔刷调小一点（见图 3 – 48）。

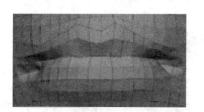

图 3 – 48

　　然后转向侧视图，把上嘴唇的形状拖拽出来（见图 3 – 49）。

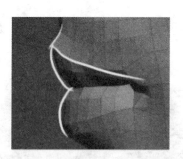

图 3 – 49

　　按下"Shift + F"键，把线框显示取消掉，再进行雕刻。突出一下下颌支、胸锁乳突肌和喉结的转折。用"Standard"笔刷，按"Alt"键向内雕刻。再根据具体情况修改胸锁乳突肌，用"Clay"笔刷，按"Alt"键向内雕刻（见图3-50）。

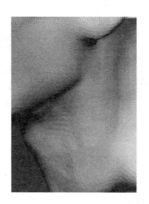

图3-50

　　用"Clay"笔刷将眼眶周围的骨头雕刻出块面的感觉。鼻子上方有块肌肉叫作降眉间肌，像个"川"字形（见图3-51）。

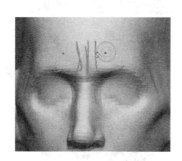

图3-51

　　这个级别的大形修得差不多了，再按"Ctrl+D"键细分一次，然后继续刻画细节。嘴唇看起来太窄了，上嘴唇看起来不够厚，可以再雕刻得厚一点（见图3-52）。

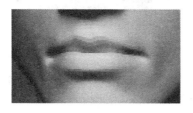

图3-52

对于眼睛的位置，用"Flatten"笔刷把它压平，便于后面雕刻眼睛（见图 3 – 53）。

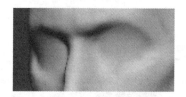

图 3 – 53

再用"Flatten"笔刷将眼眶和颧骨雕刻出块面感（见图 3 – 54）。

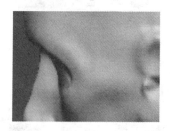

图 3 – 54

再用"Standard"笔刷将耳朵的转折边缘雕刻出来。雕刻完以后可以按"Shift"键松弛笔刷（见图 3 – 55）。

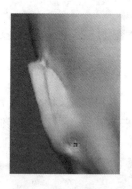

图 3 – 55

用"Standard"笔刷，先按"Alt"键向内雕刻下颌支与胸锁乳突肌之间的转折，再松开"Alt"键，雕刻出它的棱角感（见图 3 – 56）。

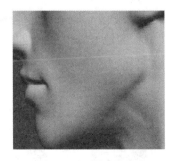

图 3 – 56

还是用"Standard"笔刷将耳轮的形状雕刻出来。耳轮是有宽有窄的，用"Move"笔刷将其拖拽成宽窄不一的耳轮（见图 3 – 57）。

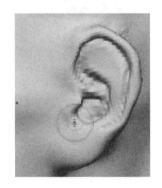

图 3 – 57

从正视图来看，耳朵的凹凸起伏也是不同的。还是用"Move"笔刷将其拖拽（见图 3 – 58）。

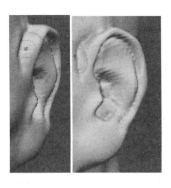

图 3 – 58

现在我们观察一下这个脸部，发现它不是很有立体感，且只有灰白两种颜色，没有特别黑的地方，也就是没有特别深的地方，很平（见图3－59）。

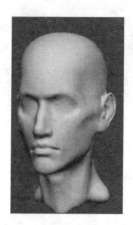

图3－59

嘴线的地方再用"Standard"笔刷雕进去一点（见图3－60）。

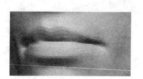

图3－60

用"Standard"笔刷雕刻一下上眼皮的位置，再用"Clay"笔刷将刚才雕刻的与眼眶的骨头连接起来（见图3－61）。

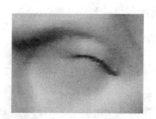

图3－61

仔细观察后发现头顶的距离有点宽，进入低级别调整一下。从正视图应该可以看到后面的。注意：大形调整完后，不要让骨头失去块面感，用"Clay Buildup"笔刷稍微雕刻一下骨头的感觉，然后用"Clay"笔刷给骨头增加点肉感（见图3-62）。

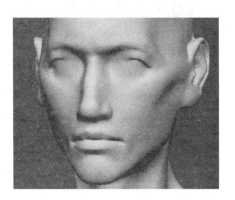

图 3 - 62

上嘴唇缺乏肉感，用"Clay"笔刷雕刻一下。转折也不够明显，用"Pinch"笔刷把它的唇线收紧一点，嘴的中线也可以收缩一下。然后将嘴角雕进去一点，给嘴角增加点肉感（提醒：脸部有很多肌肉都连接着嘴角）（见图3-63）。

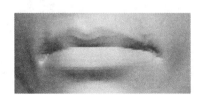

图 3 - 63

下面是降下唇肌，要雕刻出肉的感觉，然后刻画一下口轮匝肌的边缘线（见图3-64）。

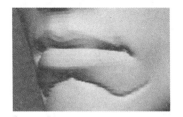

图 3 - 64

这条边缘线有点太突兀了，可以按"Shift"键松弛一下，然后再刻画口轮匝肌上方的边缘线（见图3－65）。

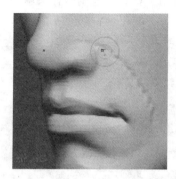

图3－65

在口轮匝肌上是有一块肉的，我们要把它雕刻出来。人越老这块肉越明显，还会因为地心引力而向下垂。那条线不要做得太直，那样会让人感觉很假（见图3－66）。

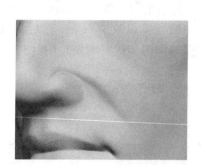

图3－66

鼻子中间有个鼻中隔，鼻头部分是两个软骨，也要雕刻上去。（见图3－67）。

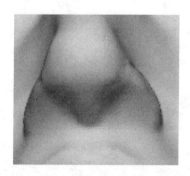

图3－67

最后检查各个地方的大形，完成头部大形雕刻（见图3－68）。

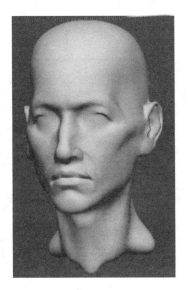

图 3 –68

我们还是要从大形开始调整，调整大形一定要进到低级别里面调整。

头骨的眼睛是凹进去的，所以先把眼睛用"Clay"笔刷按住"Alt"键向内雕刻（见图3－69）。注意眼睛凹进去的形状和眼眶的厚度，从这个角度看，外眼睛应该是向后的。

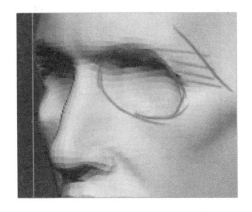

图 3 –69

如果把脸颊上的肉全部去掉，颧骨下面的骨头就剩下颌骨了，下颌骨前面就是牙齿，那里应该凹下去。还是用"Clay"笔刷，按住"Alt"键向内雕刻，然后用"Standard"笔刷，按住"Alt"键把下颌骨与牙齿之间的接缝雕刻出来，还有下颌骨上面那里也是凹进去的，要用"Clay"笔刷雕刻进去（见图3－70）。

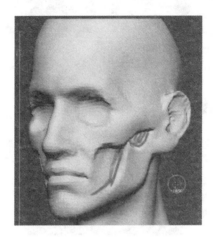

图3－70

因为鼻子是属于软骨组织的，所以我们用"Flatten"笔刷将它抹平，一直抹到大概眼眶下限的地方，再用"Clay"笔刷向内雕刻一点，接着抹平一下，确定它的斜度。嘴上的肉也要挖去，只剩下牙齿，牙齿大概是柱形的（见图3－71）。

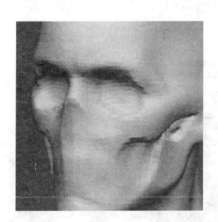

图3－71

再给鼻子挖两个洞，那是鼻孔，把牙齿的线条用"Standard"笔刷反向刻画一下。注意：牙齿的线条是直的，不要画成微笑的（见图3－72）。

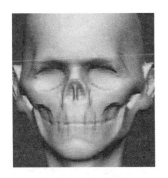

图 3 – 72

因为没肉了，所以骨头的转折会很明显，所以先把颧骨后面的那个窝雕刻出来。先用"Standard"笔刷反向雕刻，雕刻出一条线来，再用"Clay"笔刷把窝雕刻得深一点（见图 3 – 73）。

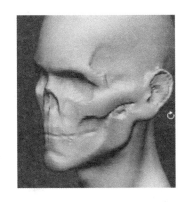

图 3 – 73

感觉颧弓的位置有点偏下，用"Move"笔刷微调一下（见图 3 – 74）。

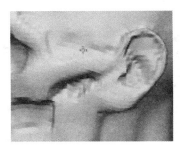

图 3 – 74

耳郭是软骨组织，所以我们直接把它松弛掉，如果松弛不掉，就用"Flatten"笔刷抹平它（见图 3 – 75）。

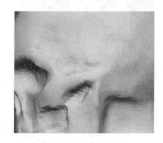

图 3 – 75

用"Clay 笔刷"反向雕刻，将胸锁乳突肌抹掉，把乳突凸显出来，确定一下下颌支的棱块感，再用"Standard"笔刷确定一下下颌支的棱角感（见图 3 – 76）。

图 3 – 76

骨头是没有脖子的，我们把脖子做成像脊椎的样子，颈椎很细，要是用"Move"笔刷调细的话，可能会影响到下巴，所以我们先按住"Ctrl"键，把可能会影响到下巴的范围遮罩，再移动脖子（见图 3 – 77）。

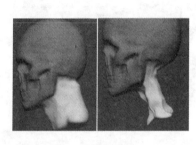

图 3 – 77

调完脖子，转到正视图之后发现下颌骨的末端有点太突了，用"Move"笔刷将它拖进去一点（见图3-78）。

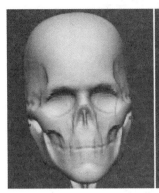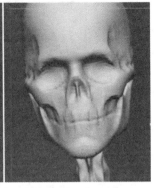

图3-78

调整之后发现颏隆突不够硬，下颌骨有点没棱块感。我们用"Clay"笔刷雕起一点，给颏隆突加点棱块感。再用"Standard"笔刷将下颌支的边缘雕刻一下，体现出棱角感。牙齿的后面应该凹进去，我们也用"Standard"笔刷将它雕刻进去（见图3-79）。

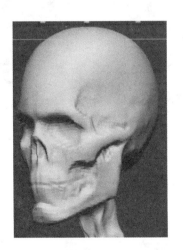

图3-79

这一个级别雕刻得差不多了，我们再进入下一个级别。然后处理一下之前的细节，把耳朵的地方松弛一下。要做牙齿的地方不能光松弛，松弛完还要用"Flatten"笔刷刷出一点棱块感（见图3-80）。

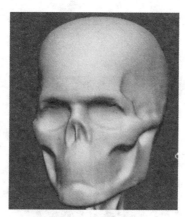

图 3 – 80

接着调整一下鼻子的角度，鼻骨也是骨头，不能看起来那么圆滑。用"Pinch"笔刷将两边骨头收缩一下。鼻孔的洞也不能那么坚硬，要用"Standard"笔刷向内雕刻，然后再用"Pinch"笔刷将中间那根骨头收缩一下（见图 3 – 81）。

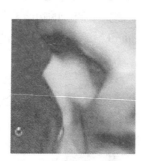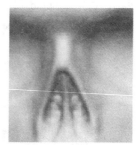

图 3 – 81

颧骨和上颌骨的连接有点牵扯，不太干脆。进到第一级别之后，将它往上扯一下，顺势修改一下颧骨的大形（见图 3 – 82）。

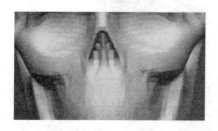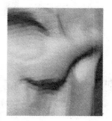

图 3 – 82

当从3/4侧面看眼眶的时候，注意外眼角要向内凹（见图3-83）。

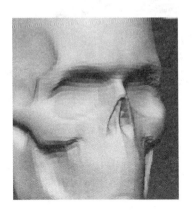

图3-83

额骨感觉有点太圆了，在雕刻里面有一句话是"宁方勿圆"。用"TrimDynamic"笔刷将额头顺着它的走向棱块化，然后稍微松弛一下。注意结构，"TrimDynamic"笔刷是将凸起的面削平，把削大的地方用"Move"笔刷拖起来一点（见图3-84）。

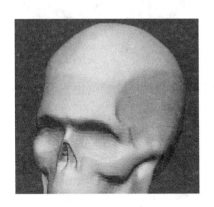

图3-84

进入高一级的级别，将骨感刻画出来，细化过以后，发现原来做的棱块感有点消失了。还是用"TrimDynamic"笔刷将眼眶削出棱块感，把眼眶与颧骨的转折削出来（见图3-85）。

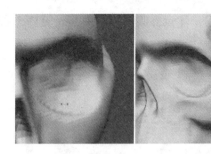

图 3 – 85

还是要注意眼眶的形状，上眼眶靠近鼻骨的地方是最高点；下眼眶颧骨上方是最低点（见图 3 – 86）。

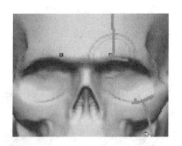

图 3 – 86

用"TrimDynamic"笔刷将颧骨的块面感削出来。注意：颧弓不是直的，而是弓形的，要往上稍微弓一点儿（见图 3 – 87）。

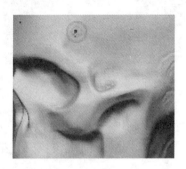

图 3 – 87

用"Clay"笔刷按住"Alt"键，将上眼眶和颧骨的转折雕刻一下（见图 3 – 88）。

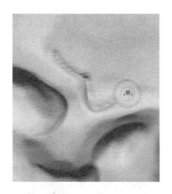

图 3 - 88

进入低级别，用"Standard"笔刷按住"Alt"键，将眼睛的深度挖深一点。在挖的时候，先按"U"键将笔刷的强度值变大，再按"O"键将笔刷的衰减值变大（见图 3 - 89）。

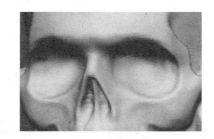

图 3 - 89

进入高级别，把牙齿的整体大形概括一下。把下颌骨和牙齿的转折凸显出来（见图 3 - 90）。

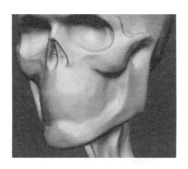

图 3 - 90

牙齿没必要一个一个地刻出来，既练不了结构，又破坏大形。先把该做的细节做好。比如说牙齿后面的那个窝，用"Standard"笔刷按住"Alt"键，将它雕刻进去（见图 3 – 91）。

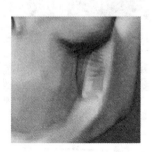

图 3 – 91

　　将下颌骨的棱块感用"TrimDynamic"笔刷削出来，调整一下大形的偏差。发现前面的颏隆突不够有棱块感。注意侧面的形状（见图 3 – 92）。

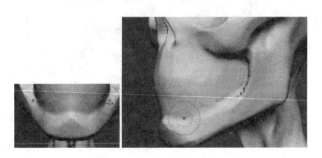

图 3 – 92

　　从侧面看，我们发现有一个细节没有做好，乳突我们没有做。我们先进入最低的级别，把乳突前面的部分雕刻进去，然后再进入高级别，进行细致雕刻（见图 3 – 93）。

图 3 – 93

把下颌骨下面雕刻进去，它下面是没有骨头的，是空的（见图3 – 94）。

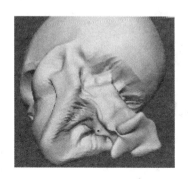

图 3 – 94

把下颌骨上方凹进去的地方凸显一下，还有下颌骨与颧弓的分界线，颧弓的走向，用 "Standard" 笔刷，笔刷幅度缩小，按住 "Alt" 键反向雕刻（见图3 – 95）

图 3 – 95

将颧突的底部形状确认一下，不要拉扯太多（见图3 – 96）。

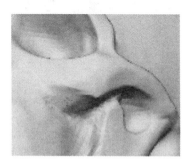

图 3 – 96

把上面牙齿的形状大概确定一下（见图 3 – 97）。

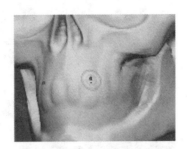

图 3 – 97

进入高级别，把牙齿和牙龈之间的缝隙刻画出来。用"Dam-Standard"笔刷雕刻，不要太整齐，要有若有若无的感觉（见图 3 – 98）。

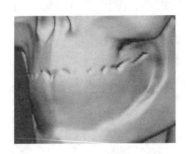

图 3 – 98

牙齿最后面的那个地方应该是空的，不长牙齿的，要雕刻进去（见图 3 – 99）。

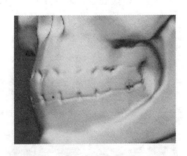

图 3 – 99

把上牙和下牙的分界线确定出来，还是用"Dam-Standard"笔刷雕刻，同样要有那种若有若无的感觉，不要太直，可以有点波动（见图3-100）。

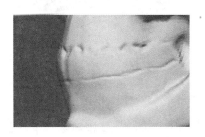

图3-100

把牙齿的缝隙做出来，要和牙龈对准。用"Dam-Standard"笔刷雕刻出来（见图3-101）。

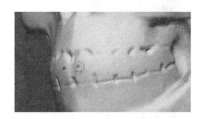

图3-101

用"ClayTubes"笔刷将牙齿突出来（见图3-102）。

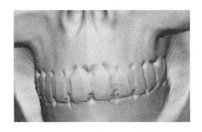

图3-102

注意：不是每一颗牙齿都要做得那么细致，主要是把前面几颗牙齿做得细致些，否则会让人感觉到没有重点。

牙齿和上颌骨也是有连贯性的，用"Clay"笔刷将其连贯一下（见图3-103）。

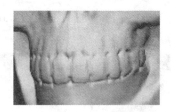

图 3 – 103

下牙都比较短，直接用"ClayTubes"笔刷雕刻一下（见图 3 – 104）。

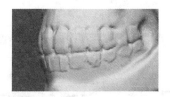

图 3 – 104

再用"Dam-Standard"笔刷将牙龈的地方向内雕刻（见图 3 – 105）。

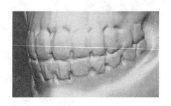

图 3 – 105

可以用"Flatten"笔刷将下牙抹平一点，显得不那么突兀（见图 3 – 106）。

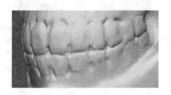

图 3 – 106

用"Dam-Standard"笔刷按住"Alt"键向外雕刻，将牙齿的边缘突出一点（见图 3 – 107）。

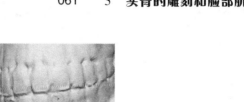

图 3 – 107

再用"Clay"笔刷，将其填饱满一点（见图 3 – 108）。

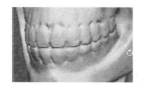

图 3 – 108

然后用"TrimDynamic"笔刷雕刻一下下颌支的转折（见图 3 – 109）。

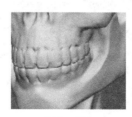

图 3 – 109

最终的雕刻完成（见图 3 – 110）。

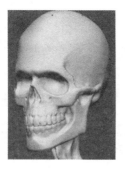

图 3 – 110

4 脸部的细致雕刻

上一章我们讲解了脸部的肌肉和头骨的雕刻，也大概雕刻了一个脸部大形，并将它改成了头骨。这一章，我们先来细致地讲解一下五官，然后教大家雕刻脸部。

4.1 眼睛的雕刻

我们先来细致地雕刻一只眼睛。

先按下"，"键，打开"Lightbox"，选择一个球，按下"Shift + P"键，然后进入"Tool-Geometry"，将球降至最低级别（见图4－1）。

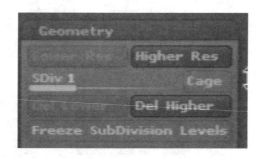

图4－1

再创建一个平面，按下"Make PolyMesh 3D"键，将面片转换成多边形（见图4－2）。

图4－2

然后打开"Tool-SubTool"菜单，有个"Append"按钮，按下之后，选择之前创建的球（见图4-3）。

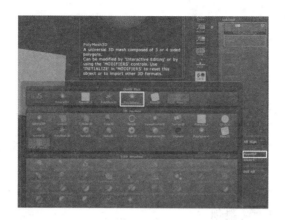

图4-3

　　建完之后发现平面太小了，而且位置有点靠后了。选择面片，打开"Tool-Deformation"菜单，里面有个"Offset"选项（是用来移动物体位置的选项），轴向选择"Z"轴，看着工作区内的面片位置，向前拖动橙色按钮。然后有个"Size"选项（是用来控制物体大小的选项），轴向不用改变，看着工作区的面片大小来放大（见图4-4）。

图4-4

在球左边的面片要宽一点，因为有半只眼睛的距离，所以右边就不用那么宽了（见图4－5）。

图4－5

用"Move"笔刷把左侧拉起来，然后把内眼角拉下去一点（见图4－6）。注意：雕刻眼睛的时候不要开对称雕刻。

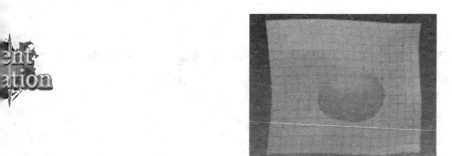

图4－6

右侧要弯过去。按下键盘上的"E"键和"Ctrl"键，从外眼角向面片的边缘直线拉一条轴出来，把不需要旋转的地方全部遮罩起来（见图4－7）。

图4－7

从外眼角往外拖出一个轴，然后转至底视图，调动最外面的圆圈，把它旋转过去。如果还有旋转得不好的地方，就用"Move"笔刷拖拽一下（见图4-8）。

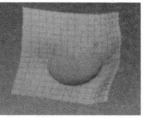

图4-8

接着把各个结构的大体轮廓拖拽出来，主要是眉弓、眼睛的形状（见图4-9）。

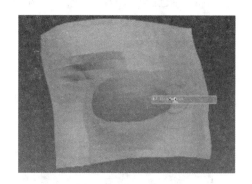

图4-9

用"Ctrl+D"键细分一次，进行进一步的雕刻。进一步把眼睛的位置确定好（见图4-10）。

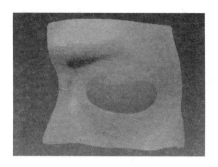

图4-10

　　转至侧视图，看一下鼻子的位置，发现太塌了。用"Move"笔刷将鼻子拖起来一点（见图4－11）。

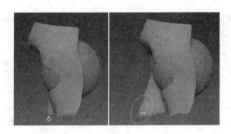

图4－11

　　用"Standard"笔刷将上眼皮的边缘雕刻起来，再用"Clay"笔刷将上眼皮填得圆润一点，然后用"Clay"笔刷将下眼皮填出来。注意：在外眼角的地方，上眼皮是要盖着下眼皮的（见图4－12）。

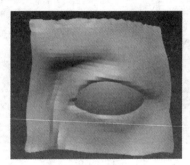

图4－12

　　将上眼皮再填出点肉感，颧突的感觉要做出来，还有内眼角的地方是要塞进去的（见图4－13）。

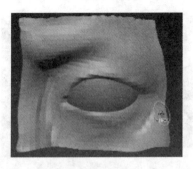

图4－13

再用"Ctrl + D"键细分一次，把上眼皮的边缘用"Dam-Standard"笔刷按住"Alt"键向外雕刻（见图4 – 14）。

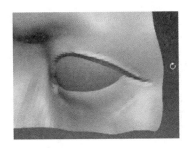

图 4 – 14

从底视图看，眼睛是有一定弧度的（见图4 – 15）。

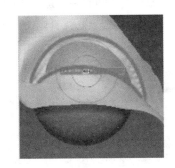

图 4 – 15

注意下眼睛边缘的形状，男人的眼睛一般是靠近内眼角的地方为最高点，下眼皮要有个转折。下眼皮有一个结构叫作卧蚕，就在眼睛的下边缘，再往下的地方是贴着眼球的（见图4 – 16）。

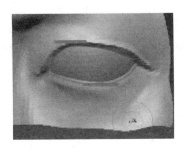

图 4 – 16

再用"Ctrl + D"键细分一次，用"Pinch"笔刷将上眼皮的转折收缩一下，凸显出转折的硬度来（见图4 – 17）。

图4 – 17

用"TrimDynamic"笔刷将下眼皮的转折凸显一下，然后用"Dam-Standard"笔刷将卧蚕的位置刻画一下，再用"Clay"笔刷将卧蚕下面的眼皮向内雕刻一下，突出一下卧蚕。这时分界线比较硬，到时候松弛一下就可以了（见图4 – 18）。

图4 – 18

将卧蚕的分界线松弛一下，给卧蚕增加点肉感，然后把泪腺的形状挖出来（见图4 – 19）。

图4 – 19

把眼皮和眼球的交界处塞进去，修改一下卧蚕的形状，再转至底视图，用"Flat-ten"笔刷将上眼皮的厚度压平（见图4-20）。

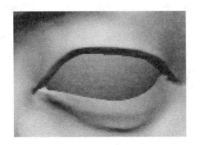

图4-20

接下来做一个双眼皮，先用"Dam-Standard"笔刷在上眼皮的上方雕刻出一条线来（见图4-21）。

图4-21

再转到底视图，将刚才画的那条线的底部用"Dam-Standard"笔刷塞进去（见图4-22）。

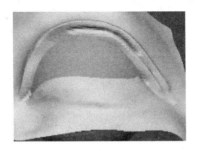

图4-22

用"Pinch"笔刷将凹进去的地方收缩得细一点，然后稍微松弛一下。再用"Dam-

Standard" 笔刷将双眼皮之间的那条线雕刻得深一点（见图 4 - 23）。

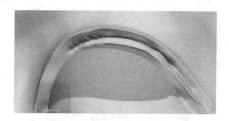

图 4 - 23

用"Flatten"笔刷将上面那个双眼皮填平一点，否则下面的眼皮出来的有点突兀（见图 4 - 24）。

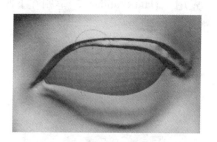

图 4 - 24

将上面的眼皮按"Ctrl"键遮罩住，然后将下面的那个眼皮往上拖一拖，使它不那么突兀（见图 4 - 25）。

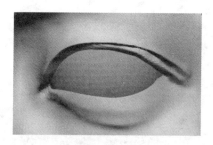

图 4 - 25

把两个眼皮之间的接缝用"Dam-Standard"笔刷稍微雕刻一下，把分界线确定一下。再用"Flatten"笔刷将凹凸不平的面稍微压平一点（见图 4 - 26）。

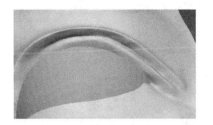

图 4 – 26

用"Clay"笔刷将下眼皮雕出点肉感（见图 4 – 27）。

图 4 – 27

眼球也要圆润一点。进入"Tool-SubTool"菜单栏中，选中球，进入高级别（见图 4 – 28）。

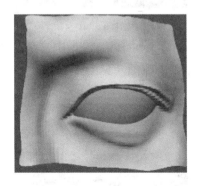

图 4 – 28

再进入低级别，稍微把大形调一调。用"Clay"笔刷反向雕刻，将眉弓的走向确定一下；然后用"Clay"笔刷将上眼皮雕刻得圆润一些，加强点平滑度；确定一下眉弓的转折（见图 4 – 29）。

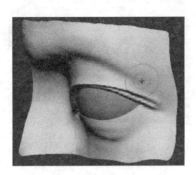

图 4 – 29

最后确定一下细节，将双眼皮的下面用"Flatten"笔刷抹平。将双眼皮后面的地方用"Dam-Standard"笔刷稍微雕刻一下，然后松弛，使双眼皮慢慢过渡到皮肤里面，这样就不会显得不自然（见图 4 – 30）。

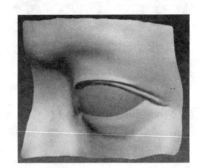

图 4 – 30

这样，我们就完成了对眼睛的雕刻（见图 4 – 31）。

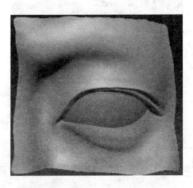

图 4 – 31

4.2　耳朵的雕刻

接下来，我们讲一下耳朵的雕刻。

耳朵看起来很复杂，其实它就是由一个数字"9"和一个字母"y"组成的。注意：耳轮的形状不是在一个平面上的，而且厚度也是不一样的（见图4－32）。

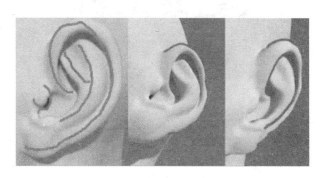

图4－32

我们进入 ZBrush 之后，关掉"Lightbox"，然后创建一个面片。按住"Shift + F"键显示线框，发现面数有点多，点开"Tool-Geometry"，将"Optimize"（优化）的按钮拖到最右边，它的面数就会变少。减到能够拖动大形的面数之后，点"MakeMesh 3D"，变成可编辑状态（见图4－33）。

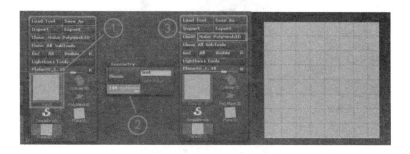

图4－33

用"Move"笔刷将耳朵的大形拖拽出来。在拖拽的时候笔刷调大一点（见图4－34）。注意：耳朵是要向后倾斜的。

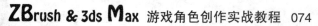

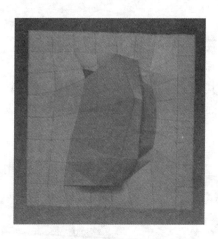

图 4 – 34

　　大形拖好后，把它转成动态网格。在转成动态网格之前，要先调一个数值，在"Tool-Geometry"菜单里面有个"Resolution"，将其数值调到 24 左右，然后点一下上面的"DynaMesh"按钮，转换成动态网格（见图 4 – 35）。

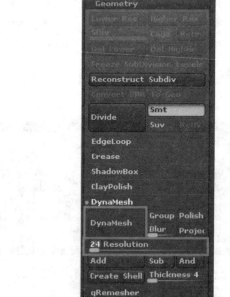

图 4 – 35

将之转变成动态网格之后，我们会发现其实耳朵是尖的，这是因为之前在面数少的时候，那两条线隔得太近了。我们按住"Ctrl + Z"键回到低面数的时候，将那两条线拉开一点（见图 4 – 36），再进行一次动态网格，步骤如上。

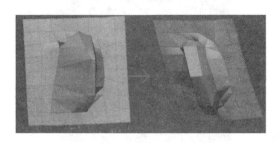

图 4 – 36

用"Move"笔刷将耳轮的"9"字形拖拽出来（图 4 – 37）。

图 4 – 37

用"Standard"笔刷反向雕刻，耳轮与耳壳的边缘凹进去，耳壳就能表现出来了。虽然面数有点不够，但还是能够雕刻出大形的（见图 4 – 38）。

图 4 – 38

用"Clay"笔刷将耳壳的弧度填出来（见图4-39）。

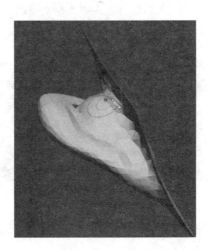

图4-39

将耳垂的地方稍微往前拖拽一下，耳朵是有个斜度的（见图4-40）。

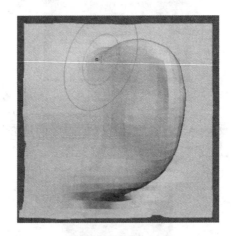

图4-40

大形雕刻得差不多了，再用"Ctrl + D"键细分一次。将动态弹起来，以防一不小心在空白处框一下就细分了（注意：动态按下去的颜色是橙色的，弹起来的颜色是灰色的）。用"Dam-Standard"笔刷将"9"字的边缘雕刻一下（见图4-41）。

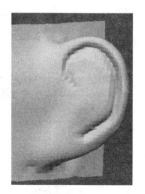

图 4 -41

转到前视图，将衰减工具的力度调得稍微大一点，内耳的位置向内塞（见图 4 -42）。

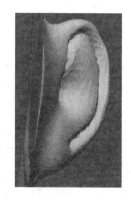

图 4 -42

再用"Ctrl + D"键细分一下，将耳轮的"9"字形再次雕刻一下（见图 4 -43）。

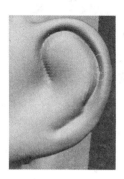

图 4 -43

将"y"字雕刻出来，先用"Dam-Standard"笔刷将"y"字内侧的边缘确定一下，然后用"Clay"笔刷将不应该突起的地方向内雕刻进去（见图4-44）。

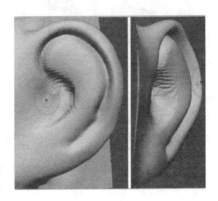

图4-44

　　用"Pinch"笔刷将"y"字的内侧边缘收缩一下，再用"Clay"笔刷向内雕刻，将"y"字上方中间的位置雕刻进去，用"Move"笔刷将"y"字的上方向内拖拽，此时中间位置应最高（见图4-45）。

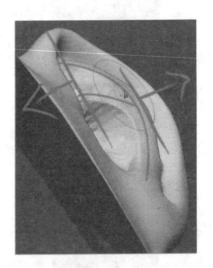

图4-45

　　耳轮的上方有点薄，用"Dam-Standard"笔刷按住"Alt"键，将边缘向外雕刻（见图4-46）。

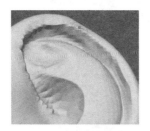

图 4 –46

　　用"Clay"笔刷反向雕刻，将耳洞雕刻进去。用"Clay"笔刷将耳屏雕刻出来，可能会有点小，用"Move"笔刷拖拽得大一点。再将"y"字上的对耳屏拖拽出来（见图 4 –47）。

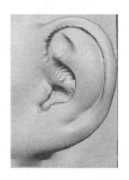

图 4 –47

　　检查一下耳轮是否圆滑，不圆滑的地方用"Flatten"笔刷稍微抹平一点。然后用"Ctrl + D"键细分，进入下一个级别（见图 4 –48）。

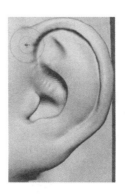

图 4 –48

发现在耳轮上有坑坑洼洼的地方，是因为上一个级别面数不够造成的。我们用"Flatten"笔刷将坑洼的地方抹平（见图4–49）。

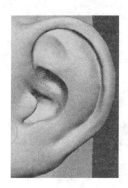

图 4–49

用"Standard"笔刷将"y"字分叉的中间部位雕刻进去（见图4–50）。

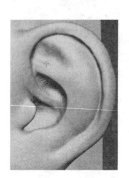

图 4–50

"y"字内侧的边缘，之前收缩得太尖锐，用"Flatten"笔刷将尖锐的边缘抹平，再松弛（见图4–51）。

图 4–51

在耳轮的内侧也要做出厚度，用"Standard"笔刷向内雕刻（见图4-52）。

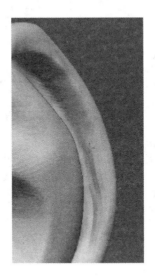

图4-52

转到后视图，降至最低级别，用"Standard"笔刷对耳轮与耳壳的接缝进行雕刻（要求：接缝要深浅不一，要有粗有细的感觉）。"D"升一级，雕刻耳轮与耳壳的分界线，保证耳轮的圆滑度。然后"D"再升一级，雕刻耳轮与耳壳的分界线（见图4-53）。

图4-53

再用"Clay"笔刷把耳垂的位置向内雕刻，因为耳垂是向前的（见图4-54）。

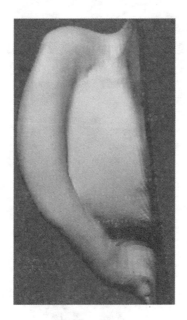

图 4 – 54

　　将耳壳与后脑（指面片）转折的分界线用"Dam-Standard"笔刷塞进去，然后用"Pinch"笔刷将那条线收缩一下，最后按住"Shift"键松弛一下（见图 4 – 55）。

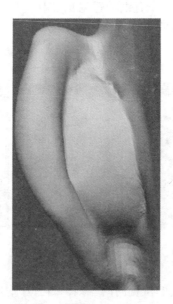

图 4 – 55

　　耳壳也不是一个完全的圆柱形，它也有点坑坑洼洼的感觉。用"Clay"笔刷向内雕刻，将耳壳做出线点起伏的感觉，再用收缩笔刷将边缘收紧一些（见图4－56）。

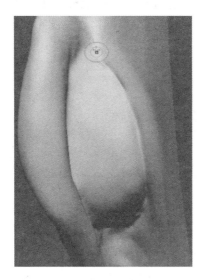

图4－56

　　最后检查一下，发现耳屏前面有点肉，太突兀了。先进入低级别调整一下；再进入高级别，对耳屏微调；然后进入最高级别，给耳屏增加点肉感，还要对它的形状进行调整（耳屏不是圆形的）。这样就完成对耳朵的雕刻了（见图4－57）。

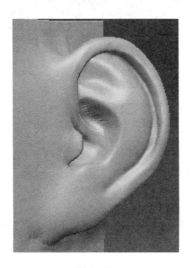

图4－57

4.3　嘴巴的雕刻

　　嘴巴的雕刻跟耳朵一样，创建出一个面片来，按住"Shift + F"键显示线框。面数有点多，将它优化。之后，转换成可编辑网格（见图 4 - 58）。

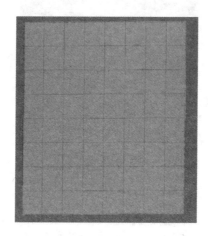

图 4 - 58

　　先将大形拖拽出来。口轮匝肌凸起来，降下唇肌、颏隆突与口轮匝肌凹进去的地方（见图 4 - 59）。

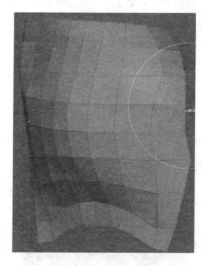

图 4 - 59

用"Ctrl + D"键细分一次，用"Standard"笔刷反向雕刻，将口线雕刻进去（见图4 –60）。注意：要将嘴角雕刻得深一点。

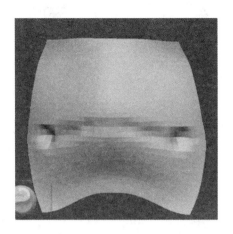

图4 –60

再用"Pinch"笔刷将口线收紧一点，将导角雕刻出来（见图4 –61）。

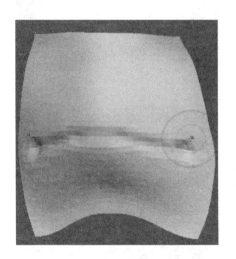

图4 –61

再用"Clay"笔刷将上下嘴唇雕刻出来。中间可以再陷进去一点，用"Standard"笔刷反向雕刻（见图4 –62）。注意：上嘴唇没有下嘴唇厚。

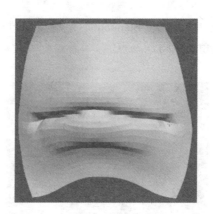

图 4 – 62

用"Ctrl + D"键再细分一次，嘴角再向内陷进去一点，口线松弛一下。上下嘴唇的边缘用"Dam-Standard"笔刷，按"Alt"键雕刻出来，再用"Clay"笔刷将肉感填出来，将边缘稍微松弛一下（见图4－63）。

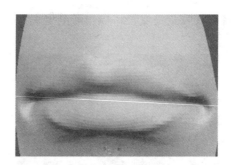

图 4 – 63

用"Clay"笔刷，按"Alt"键将下嘴唇的下面雕刻进去（见图4－64）。

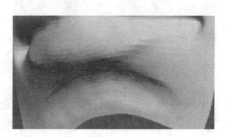

图 4 – 64

将下嘴唇的边缘确定一下，将嘴中间的缝再向内雕刻一下（见图4－65）。

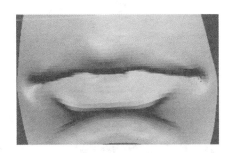

图4－65

将嘴角的转折用"Dam-Standard"笔刷雕刻出来，人中用"Clay"笔刷雕刻进去（见图4－66）。

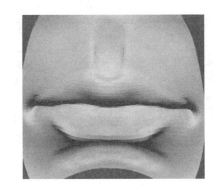

图4－66

用"Pinch"笔刷将边缘的转折收紧一点，在下嘴唇转向嘴角的地方稍微松弛一下（见图4－67）。

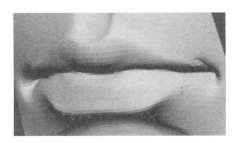

图4－67

转到底视图，用"Flatten"笔刷将下嘴唇和降下唇肌压平，然后松弛一下（见图 4 - 68）。

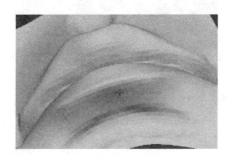

图 4 - 68

将嘴角向后拖拽，然后转至底视图，注意上下嘴唇的弧度（见图 4 - 69）。

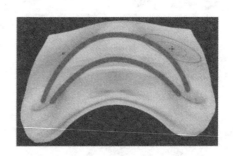

图 4 - 69

将人中再挖深一点，两边增加一点肉感（见图 4 - 70）。

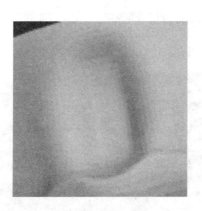

图 4 - 70

将下嘴唇的分界线用"Flatten"笔刷将太尖的转折稍微压平一点（见图4-71）。

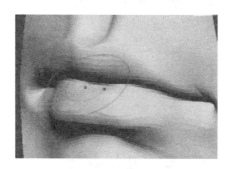

图4-71

再用"Inflat"笔刷在唇中线刷一刷，使上下嘴唇向各自的方向膨胀，看起来紧凑一点（见图4-72）。

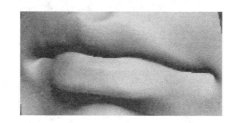

图4-72

然后用"Ctrl＋D"键细分一级，用"Flatten"笔刷轻轻地按照图的方向压平（见图4-73）。

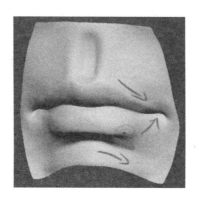

图4-73

观察嘴唇，当发现下嘴唇弧度不够的时候，按住"Ctrl"键将上嘴唇遮罩住，之后用"Move"笔刷将下嘴唇向上拖拽（见图4-74）。

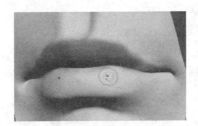

图4-74

用"Standard"笔刷将下嘴唇的边缘处向内雕刻出一条线来（见图4-75）。

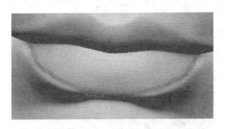

图4-75

进入低级别，把上嘴唇的结节做出来。用"Standard"笔刷将唇结节的边缘雕刻进去，然后用"Clay"笔刷反向雕刻，再用正常雕刻将唇结节向外雕刻，增加点肉感（见图4-76）。

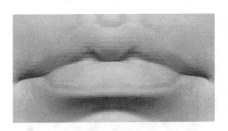

图4-76

进入高级别，将上嘴唇的边缘增加点肉感，转至侧视图，发现上嘴唇的上边缘有点靠后，进入低级别向前拖拽一点（见图4-77）。

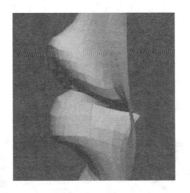

图 4 – 77

　　上嘴唇的边缘看上去雕刻得不是很清晰，用"Standard"笔刷再将边缘雕刻一下，然后用"Clay"笔刷增加一点肉感，再用"Flatten"笔刷将上嘴唇边缘线两边压平（见图 4 – 78）。

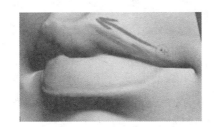

图 4 – 78

　　用"Clay"笔刷在嘴角上增加一点肉感，这样就完成对嘴巴的雕刻了（见图 4 – 79）。

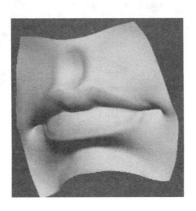

图 4 – 79

4.4 鼻子的雕刻

跟雕刻耳朵一样，先创建出一个面片来，按住"Shift + F"键显示线框。面数有点多，将它优化。之后，转换成可编辑网格（见图 4 – 80）。

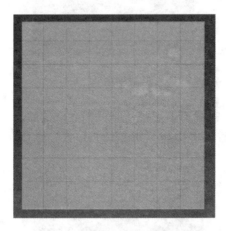

图 4 – 80

将大形拖拽出来。眉弓骨突起，眼窝陷下去，眼角向后，颧骨鼓起来，鼻根部凹下去，鼻头凸起来（见图 4 – 81）。

图 4 – 81

将动态网格下面的"Resolution"的数值调到 24，按下动态网格。按住"Shift + F"键去掉线框显示，将眉弓的下面陷下去（见图 4 – 82）。

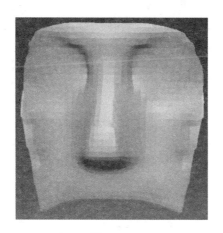

图 4 – 82

先将鼻头做出来，鼻头是由两个软骨构成的，还有鼻翼（见图 4 – 83）。

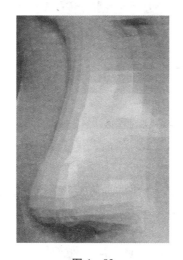

图 4 – 83

从侧面看，鼻翼前面会窄一点，后面会宽一点。鼻翼的后面会向下一点，与地面成一定的角度（见图 4 – 84）。

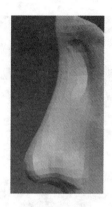

图 4 – 84

鼻中隔也是有一定弧度的（见图 4 – 85）。

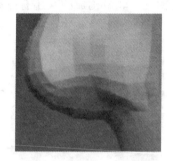

图 4 – 85

把鼻子的宽度雕起来一点，鼻根的地方应该陷进去。除了鼻梁以外，其他地方都要陷进去（见图 4 – 86）。

图 4 – 86

在鼻翼的两侧要增加点肉感。将口轮匝肌雕起来一点，人中雕刻出来（见图4－87）。

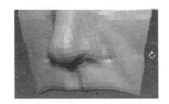

图4－87

用"Pinch"笔刷收缩鼻翼的边缘，将鼻子收缩出棱角感让人感觉紧凑一点。（见图4－88）。

图4－88

用"Standard"笔刷将鼻根部往内雕起一点。鼻根要凹进去，鼻梁要顶起来，鼻头也要稍微顶起来一点（见图4－89）。

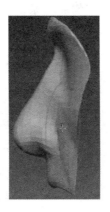

图4－89

用"Ctrl + D"键细分一次，进入高点的级别。将眼眶下面凹进去，把眉头皱眉肌的皱纹用"Standard"笔刷反向雕刻。用"Dam-Standard"笔刷将眼眶下限的转折勾勒出来，将鼻孔挖出来（见图4 – 90）。

图 4 – 90

转至底视图，将鼻翼的轮廓用"Dam-Standard"笔刷反向勾勒出来，鼻翼侧面的轮廓用正常雕刻勾勒出来（见图4 – 91）。

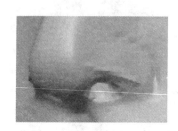

图 4 – 91

用"Dam-Standard"笔刷将鼻唇沟勾勒出来，再在鼻唇沟上面增加一些肉感（见图4 – 92）。

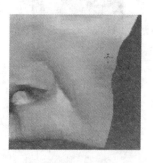

图 4 – 92

除了鼻梁以外的其他地方都要向内收紧，不要那么宽（见图 4 – 93）。

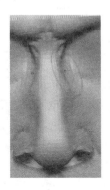

图 4 – 93

给鼻翼增加一些肉感（见图 4 – 94）。

图 4 – 94

　　用"Ctrl + D"键再细分一次。鼻梁刻画得不是很硬朗，用"Flatten"笔刷将鼻梁的地方削平一点。鼻头的感觉不够圆滑，用"Flatten"笔刷将转折的地方轻微地压平一点（见图 4 – 95）。

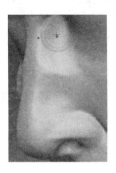

图 4 – 95

将鼻孔的形状修改一下。鼻孔下面是平的。拖拽鼻中隔，使之变窄一点，不要那么宽（见图4-96）。

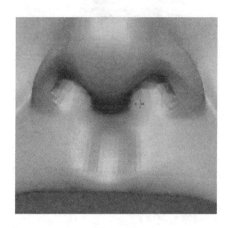

图4-96

将眉头上的皱纹雕刻一下，按"X"键取消对称雕刻。用"Ctrl + D"键细分一次，用"Clay"笔刷给皱纹雕刻出一点肉感（见图4-97）。

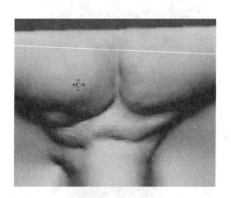

图4-97

鼻梁有点太靠下了，用"Move"笔刷向上拖拽一点。用Pinch笔刷把眉头上的皱纹收缩得紧凑一点，再用"Dam-Standard"笔刷将皱纹的缝隙重新确认一下（见图4-98）。

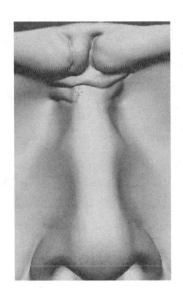

图 4 – 98

这就是一个鼻子的最终效果（见图 4 – 99）。

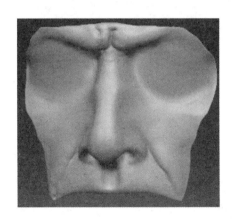

图 4 – 99

4.5   人物脸部的雕刻

前几节，我们把五官分别雕刻出来了。这一节我们把五官放在一起，组成一个人的脸部。

首先创建一个球，再将它降级。在 "Tool-Geometry" 菜单中，有个 "Reconstruct Subdiv" 按钮，用它来对球进行降级（见图 4 – 100）。

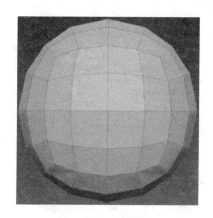

图 4 – 100

转至侧面图，将大形调出来（见图 4 – 101）。

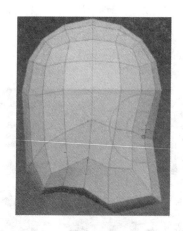

图 4 – 101

用"Move"笔刷将脸部向内收缩，变小一点。转至后视图，将头骨和脖子分转折拖拽出来。转至顶视图，从后向前数 1/3 处最宽。将下颌支的转折做出来，下颌支拖拽出来之后，注意一下脸形的变化（见图 4 – 102）。

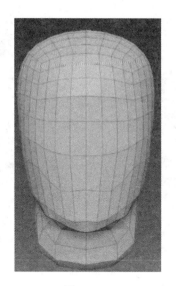

图 4 - 102

　　转至侧视图，将脖子和头骨之间的转折拖拽出来，把头顶的形状微调一下。再进入高一级别，按"Shift + F"键将线框去掉（见图 4 - 103）。

图 4 - 103

　　将眉弓凸起来，鼻子也要凸起来，眼窝的地方要凹进去。将脸部用面的方式表现出来（见图 4 - 104）。

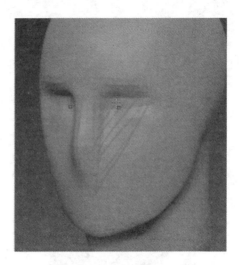

图 4 – 104

进入高一级别再将眼窝的这个面进行调整，眉弓下面应该雕刻得深一点。将鼻头顶起来，将鼻根部压进去一点，鼻头再雕起来一点，把鼻子的大形做好。将眉弓形状确认一下（见图 4 – 105）。

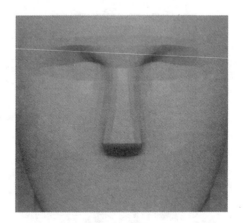

图 4 – 105

将脸部整成一块面，用"Flatten"笔刷将眼眶至嘴上方的斜面压平。将口轮匝肌用"Clay"笔刷雕起来一点，把颏隆突做出来。这时的下颌骨不太直，下颌支的转折也没有做出来（见图 4 – 106）。

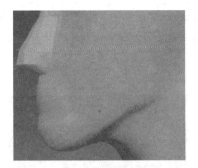

图 4 - 106

再用"Flatten"笔刷将脸颊稍微压平一点（见图 4 - 107）。

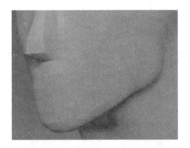

图 4 - 107

用"Clay"笔刷将颧骨凹进去（见图 4 - 108）。

图 4 - 108

将脸部分成几个面。眼窝的面是冲着前上方的。中间那个顶点是颧骨的骨点，颧骨自下颌支分成两个面，上面那个面是朝右侧偏的，下面那个面是朝右偏前一点的（见图 4 – 109）。

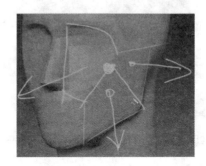

图 4 – 109

将咬肌雕刻出来才能分清脸颊的两个面（见图 4 – 110）。

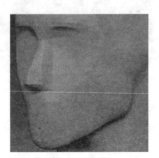

图 4 – 110

用"Flatten"笔刷将前两个面压平（见图 4 – 111）。

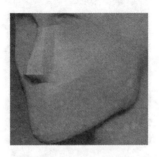

图 4 – 111

再用 Pinch 笔刷将三个面之间的转折关系表现出来（见图 4 – 112）。

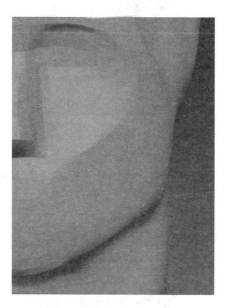

图 4 – 112

将下巴的转折也雕刻出来（见图 4 – 113）。

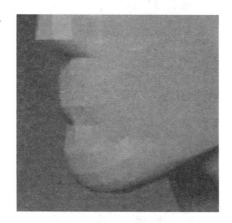

图 4 – 113

转至正视图看，防止雕刻出"由"字形脸，用"Move"笔刷将脸颊的部分向内拖拽（见图 4 – 114）。

图 4 – 114

再进入高一级的级别，确定哪个分界线在嘴巴的中间。嘴巴的位置在鼻底到下巴的 1/3 处（见图 4 – 115）。

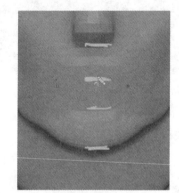

图 4 – 115

用"Clay"笔刷将鼻翼雕刻出来（见图 4 – 116）。

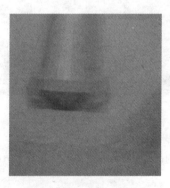

图 4 – 116

注意鼻翼的形状，前面要窄一点，后面比前面宽一点，后面还需是圆形的。用"Pinch"笔刷将鼻翼后面的导角做出来（见图4－117）。

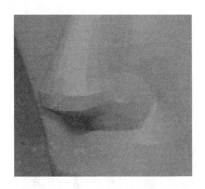

图4－117

将鼻翼的侧面和鼻子的底面做出转折，收缩紧一点（见图4－118）。

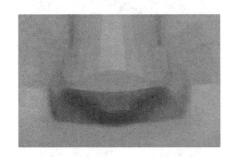

图4－118

将鼻孔的形状调整一下。鼻中隔的弧度也要进行调整（见图4－119）。

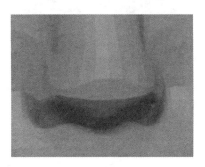

图4－119

将鼻子的形状用"Move"笔刷调整，鼻梁的地方宽一点，其他地方窄一点（见图4－120）。

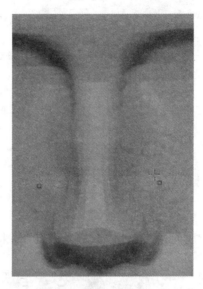

图4－120

　　看一下三庭的比例有没有偏差，有偏差的就要进行微调（见图4－121）。

图4－121

外眼角的地方应该往后一点，用"Move"笔刷调整一下（见图4-122）。

图4-122

将下巴的底部用"Clay"笔刷雕刻出点肉感，再用"Flatten"笔刷压平，然后将颏隆突块面化（见图4-123）。

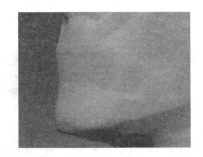

图4-123

将颧弓雕刻出来，再用"Flatten"笔刷将颧弓的块面感压出来（见图4-124）。

图4-124

将额骨块面化，再用"Pinch"笔刷将转折收缩一些（见图4-125）。

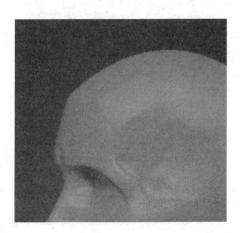

图4-125

将胸锁乳突肌雕刻出来，喉结也要雕刻出来（见图4-126）。

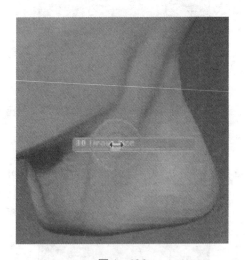

图4-126

再用"Flatten"笔刷做出几个转折块面。颧骨有点高，用"Flatten"笔刷将颧骨压平。

大形已经做完了。我们无论雕刻什么东西，都不要急着雕刻细节，先把大形确定好，再进行下一步的雕刻（见图4-127）。

图 4 – 127

接下来，我们来雕刻细节。

男人的脸部会有两条比较明显的线，一根在下眼皮的下面，一根是口轮匝肌的线。用"Dam-Standard"笔刷雕刻出这两条线（见图 4 – 128）。

图 4 – 128

进入高一级的级别，将下眼袋用"Clay"笔刷雕刻出来，用"Dam-Standard"笔刷将口轮匝肌的线雕刻出有浅有深的感觉（见图 4 – 129）。注意：这个口轮匝肌上面的线是由鼻子开始的，又称作鼻唇沟。

图 4 – 129

　　嘴唇的块面已经分好了，那条分解线就是嘴唇的中线，将那根线雕刻进去（见图 4 – 130）。

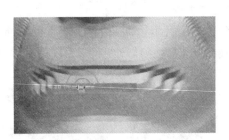

图 4 – 130

　　嘴唇中间的线有点宽，用 "Pinch" 笔刷将嘴唇中间的那条线收紧一点。上下嘴唇的厚度用 "Clay" 笔刷雕刻出来。将嘴角用 "Move" 笔刷拖拽进去（见图 4 – 131）。

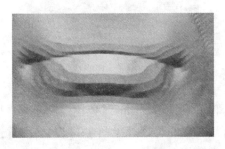

图 4 – 131

用"Pinch"笔刷将下嘴唇的转折收缩出来。用"Clay"笔刷将下唇肌向下移动（见图4-132）。

图4-132

将上嘴唇的边缘用"Dam-Standard"笔刷反向雕刻出来，用"Clay"笔刷将上嘴唇填出肉感，再用"Pinch"笔刷将上嘴唇的边缘转折收缩出来（见图4-133）。

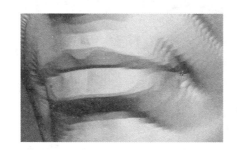

图4-133

转至底视图，看嘴唇的弧度。有问题的话，用"Move"笔刷调整一下（见图4-134）。

图4-134

用"Standard"笔刷将人中雕刻出来（见图4-135）。

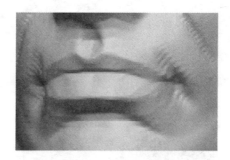

图 4 – 135

用"Flatten"笔刷将嘴角的那块肉做出块面感（见图 4 – 136）。

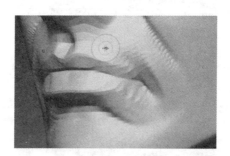

图 4 – 136

骨头不能和肉一样软，要给颧骨做出明显的转折（见图 4 – 137）。

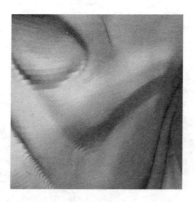

图 4 – 137

用"Clay"笔刷将眼球填出来，再用"Clay"笔刷将上眼皮雕刻出来。注意：外面的眼皮基本上要贴近眼眶，内眼角要比外眼角深（见图4－138）。

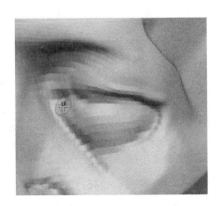

图4－138

将眼眶上限增加点肉感。外眼角有点低，要托上去一点（见图4－139）。

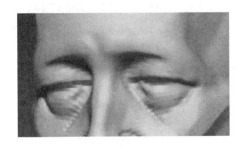

图4－139

再细分一次，用"Pinch"笔刷将上眼皮的转折收紧一点。在外眼角的地方可以雕刻一点鱼尾纹上去（见图4－140）。

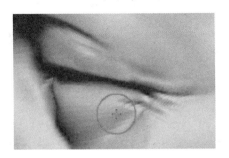

图4－140

将下眼皮的转折用"Flatten"笔刷压平。下眼皮有点突，要用"Clay"笔刷反向雕刻进去一点（见图4-141）。

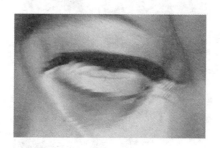

图4-141

眼睛做得有点大，将眼睛外面的周围用遮罩遮住，然后过渡几下，用"Move"笔刷调整眼睛的大小（见图4-142）。

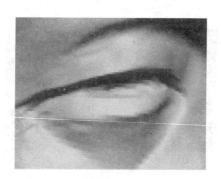

图4-142

重新将眼眶块面化，将皱眉肌的肉感用"Clay"笔刷雕刻出来。将下眼皮块面化，然后松弛，不要做得太零碎（见图4-143）。

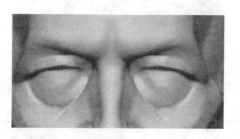

图4-143

调整鼻子的宽窄，鼻根窄一点，鼻梁宽一点，鼻头宽一点（见图 4 - 144）。

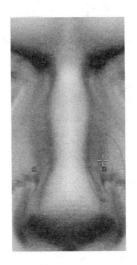

图 4 - 144

用"Flatten"笔刷将鼻子棱块化（见图 4 - 145）。

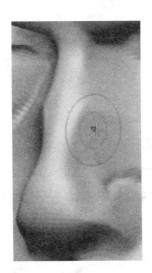

图 4 - 145

用"Clay"笔刷给鼻翼添加点肉感（见图 4 - 146）。

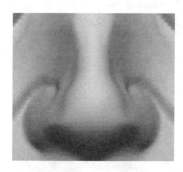

图 4 – 146

转至底视图，用"Clay"笔刷给鼻翼下面加点厚度（见图 4 – 147）。

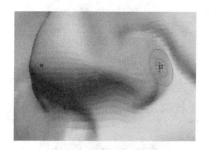

图 4 – 147

用"Dam-Standard"笔刷将鼻唇沟和嘴角的线刻画得深一点，有点层次感（见图 4 – 148）。

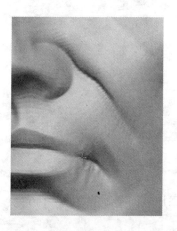

图 4 – 148

用"Flatten"笔刷将降下唇肌压成一个平面（见图4-149）。

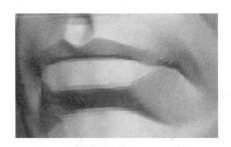

图4-149

从底视图看一下眼睛的弧度和嘴巴的弧度，若不符合，就要调整一下（见图4-150）。

图4-150

体现一下嘴部的块面化，用"Pinch"笔刷收紧边缘（见图4-151）。

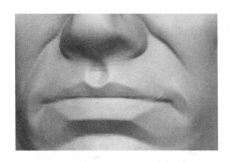

图4-151

将鼻孔挖出来，注意鼻孔的形状不要做成圆的，要做成豌豆的形状（见图

4－152）。注意：鼻中隔和鼻翼的厚度差不多，不要将鼻中隔的厚度做得太宽了。

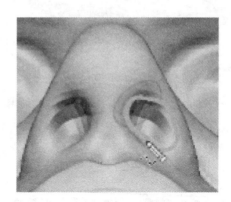

图 4－152

用"Dam-Standard"笔刷将眉头皱起来（见图 4－153）。

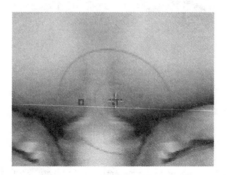

图 4－153

　　仔细观察发现，两眼之间的距离太短了，用"Move"笔刷将内眼角向外眼角拖拽（见图 4－154）。

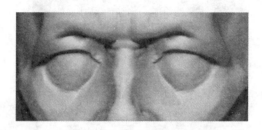

图 4－154

降级，进入低级别，用"Move"笔刷将耳朵拖拽出来（见图4－155）。注意：可以将耳朵周围不想挪动的地方遮罩住。

图4－155

按"Shift＋F"键显示线框，将耳朵内的线均匀分布（见图4－156）。

图4－156

进入高一级别，从各个视图调节耳朵的形状（见图4－157）。

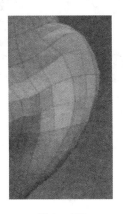

图4－157

再进入高一个级别，按"Shift + F"键取消线框显示，把耳朵的"9"字形挖出来，还有耳朵周围的轮廓也要雕刻出来（见图4 – 158）。

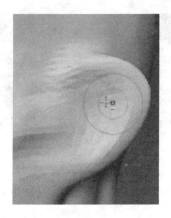

图4 – 158

用"Dam-Standard"笔刷将耳朵的轮廓挖出来，将耳洞塞进去，耳屏拖拽出来，"y"字雕刻出来（见图4 – 159）。

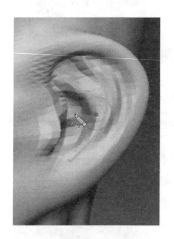

图4 – 159

再进入高一级别，将耳洞挖深，"y"字的边缘收紧，耳轮的边缘挖进去（见图4 – 160）。

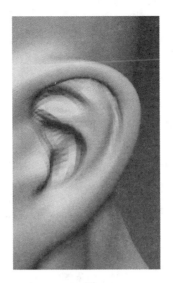

图 4 - 160

用"Clay"笔刷，将耳洞上面的耳轮雕刻出来，再用"Pinch"笔刷将其收紧，然后松弛一下（见图 4 - 161）。

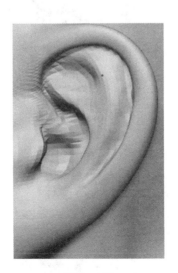

图 4 - 161

用"Clay"笔刷将耳垂的肉感填出来（见图 4 - 162）。

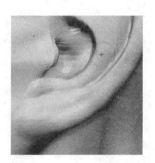

图 4 - 162

将耳轮里面遮罩住，耳轮有点厚，用"Move"笔刷拖拽耳轮，使之变窄一点（见图 4 - 163）。

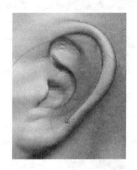

图 4 - 163

转至后视图，将遮罩取消，用"Move"笔刷将耳朵的曲折感拖拽出来（见图 4 - 164）。

图 4 - 164

将耳壳用"Clay"笔刷向内雕刻，将耳壳与头、耳壳与耳轮的转折雕刻出来，用"Pinch"笔刷把转折收紧一点，用"Clay"笔刷将耳轮填出一点肉感（见图4－165）。

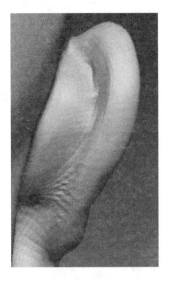

图4－165

　　从侧面看，脑袋有点略短，进入低级别将脑袋稍微拖拽高一点（见图4－166）。注意：调整大形的时候，一定要进入低级别调整。

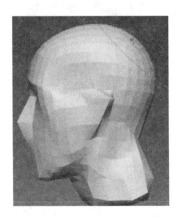

图4－166

　　重新进入最高级别，注意：耳轮的厚度千万不能做得一样厚，否则，会很难看（见图4－167）。

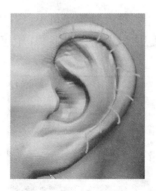

图 4 – 167

将耳轮与耳屏做出转折（见图 4 – 168）。

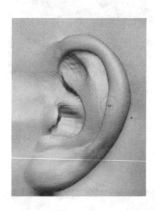

图 4 – 168

　　将胸锁乳突肌块面化，再将喉结的转折块面化。不要将胸锁乳突肌做得太夸张了（见图 4 – 169）。

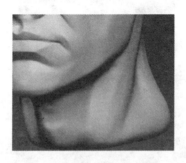

图 4 – 169

这里，我们的胸锁乳突肌做得太夸张了。进入低级别，将它凹进去一点，松弛一下，使胸锁乳突肌变小一点（见图4－170）。

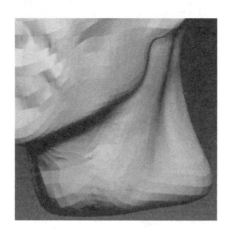

图4－170

用"Standard"笔刷将下巴与脖子之间的转折雕刻出来，然后用"Flatten"笔刷将下颌支的棱角感压出来（见图4－171）。

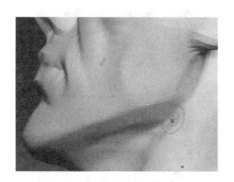

图4－171

嘴唇没有肉感，用"Clay"笔刷将嘴唇填出一点肉感，人脸部的雕刻即完成（见图4－172）。

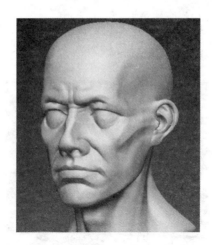

图 4 – 172

4.6　男人和女人脸部的区别

我们这里有一个脸上肌肉很明显的男人脸部（见图 4 – 173），我们将这个男人改变成一个女人，并讲解一下男人和女人脸部的区别。

图 4 – 173

男人和女人脸部的区别，主要是男人的骨点和肌肉感明显。女人的鼻头要稍微大一点，鼻翼小一点，下巴要尖一点，不能像男人那么粗犷。

进入低级别，要将颧骨和下颌骨之间凹下去的地方用"Clay"笔刷填上，再将颧骨松弛一下。不要将下颌支做得那么有棱块感，女人的要圆润一点，按住"Shift"键将下颌支松弛，再用"Move"笔刷改变下颌骨的形状（见图 4 – 174）。

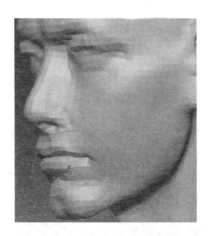

图 4 – 174

松弛一下下颌骨，使之变尖一点，再用"Move"笔刷将嘴巴变小一点，下嘴唇稍微变厚一点，这样显得比较性感（见图 4 – 175）。

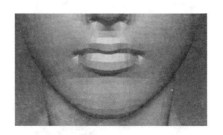

图 4 – 175

将眉头舒展开，按住"Shift"键将眉头的地方松弛一下，注意不要松到眼睛和眼窝凹下去的地方（见图 4 – 176）。

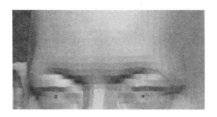

图 4 – 176

从侧面看鼻子的起伏，要有整体的感觉，不要直棱直角（见图 4 – 177）。

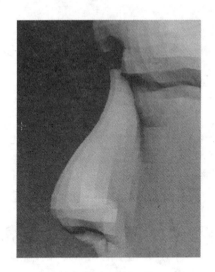

图 4 – 177

将下眼皮遮罩住，用"Move"笔刷将上眼皮向上拖拽，将眼窝松弛一下，骨感不要太夸张了（见图 4 – 178）。

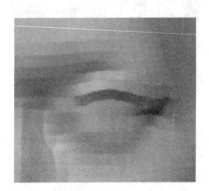

图 4 – 178

将鼻骨雕刻得稍微窄一点，鼻头稍微大一点，能显得鼻翼小一点（见图 4 – 179）。

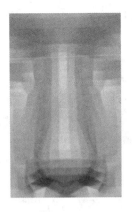

图 4 – 179

进入下一个高级别，你会发现以前的细节又出现了，松弛一下（注意不要破坏细节），进入第一级别，将头的上面部分变宽一点，突出瓜子脸（见图 4 – 180）。

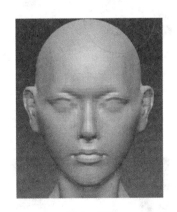

图 4 – 180

用"Clay"笔刷在嘴巴周围增加一点肉感，做点婴儿肥出来（见图 4 – 181）。注意：不要做得太零碎，用"Clay"笔刷雕刻完成之后，再松弛。

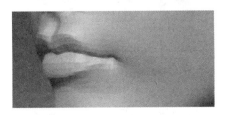

图 4 – 181

将眼睛再横着向上拉长，做大一点，这样比较好看（见图4－182）。

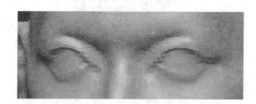

图4－182

按住"Alt"键，用"Clay"笔刷将眉弓向上挖，不要使眉弓的骨感有所遗留（见图4－183）。

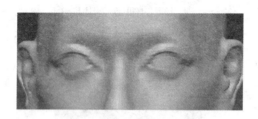

图4－183

下巴有点长，用"Move"笔刷向上提拉（见图4－184）。

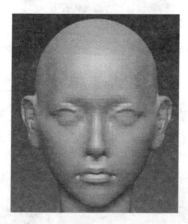

图4－184

转至3/4视图，将脸形的弧度进行调整（见图4－185）。

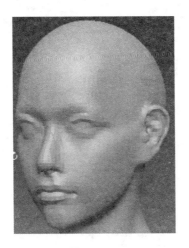

图 4 – 185

将鼻头的部分向上拖拽，将鼻子的整体调小（见图 4 – 186）。

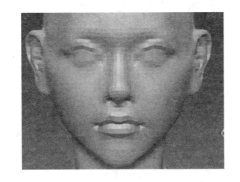

图 4 – 186

将嘴巴用"Move"笔刷做窄一点（见图 4 – 187）。

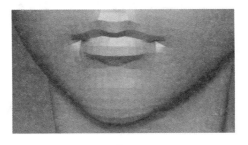

图 4 – 187

再进入高一个级别，鼻梁有点宽。用"Move"笔刷将鼻梁的宽度变窄一点，再松弛一下（见图4-188）。

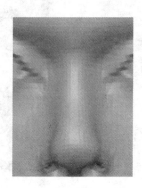

图4-188

眼睛变大、变圆了，用"Standard"笔刷将眼睛的边缘凹下去。将上眼皮直接盖在眼眶上，不要有转折的感觉，要饱满一点（见图4-189）。

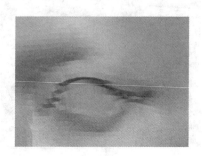

图4-189

耳朵做得有点靠上了，用"Move"笔刷向下移动（见图4-190）。

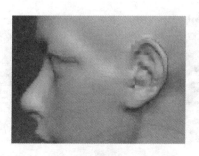

图4-190

将后脑向前拖拽,额头的地方向前拖拽,将头型确定一下(见图4－191)。

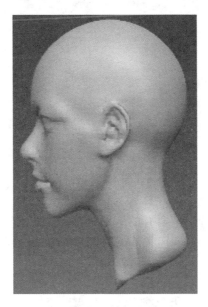

图4－191

嘴巴与下巴之间的过渡不是很好,用"Move"笔刷修改一下(见图4－192)。

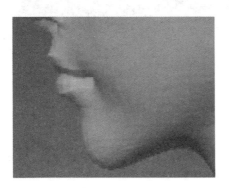

图4－192

进入下一个级别。在不破坏形体的情况下,将原来的细节松弛(见图4－193)。

图 4 – 193

　　鼻翼与脸颊之间的转折还是要有的。用"Standard"笔刷将转折雕刻出来，再用"Pinch"笔刷将转折收缩。然后用"Move"笔刷将鼻翼的形状拖拽出来，用"Clay"笔刷填出肉感（见图 4 – 194）。

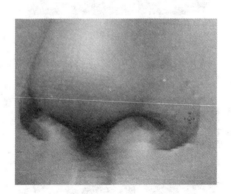

图 4 – 194

　　两眼之间的距离离得有点远，可以拉近一点，眼睛可以再大一点。进入低级别，将内眼角拉近（见图 4 – 195）。

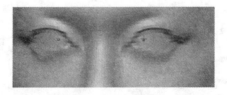

图 4 – 195

从底视图看眼睛的形状时，眼睛的形状会有一定的弧度（见图 4 – 196）。

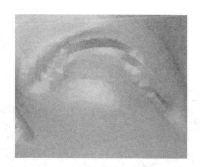

图 4 – 196

用"Standard"笔刷将下眼皮的转折刻画出来，再进入下一个级别，用"Clay"笔刷将眼球的圆润感填出来（见图 4 – 197）。

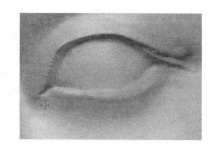

图 4 – 197

用"Clay"笔刷将内眼角的地方雕刻下去一点，卧蚕在内眼角的地方就显得比较小了。将上眼皮原有的细节松弛掉（见图 4 – 198）。

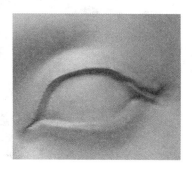

图 4 – 198

将鼻唇沟的褶皱松弛掉（见图 4 – 199）。

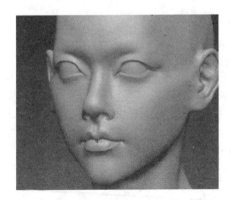

图 4 – 199

用"Pinch"笔刷将嘴唇的边缘收紧（见图 4 – 200）。

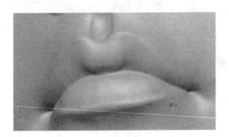

图 4 – 200

拖拽斜方肌，使之变得弱一点（见图 4 – 201）。

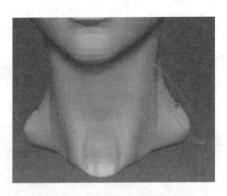

图 4 – 201

最后进入最高级别，看脸上是否还有原来的细节。有的话，就在不破坏形体的条件下将其松弛。最后完成女人脸部的雕刻（见图4－202）。

图4－202

4.7   猩猩脸部的雕刻

男人和女人的脸部，我们都知道应该如何雕刻了，接下来我们讲一个猩猩的脸部。

先创建一个面片，按"Tool Geometry"菜单中的"Make PolyMesh 3D"，将面片转换成多边形物体。用"Shift＋F"键打开线框显示。

转至正视图，用"Standard"笔刷将大形雕刻出来，再转至侧视图，用"Move"笔刷调整大形（见图4－203）。（猩猩是"由"字形的脸，下巴比较宽，头比较尖，耳朵比较小。）

图4－203

猩猩的嘴巴张得比较大。鼻子也不像人的鼻子，是朝天鼻，还比较大。眼窝比较深，将眉弓向前拖拽出来，颞窝挖进去（见图4－204）。

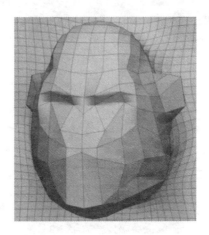

图4－204

　　将头顶拖出来，变尖。将嘴巴的形状拖出来。嘴巴比较突出，而且下嘴唇要比上嘴唇突出（见图4－205）。（只有两条线，一条线作为上嘴唇，一条线作为下嘴唇。）

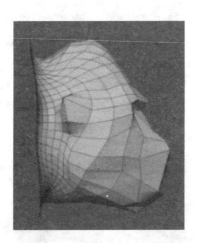

图4－205

　　把大形调整完之后，面数显然不能够细致雕刻。我们还是要将它转换成动态网格，将"Resolution"的数值变到40左右，点一下"DynaMesh"。转至正视图，将嘴角向两边拉开，将口腔挖出来（见图4－206）。

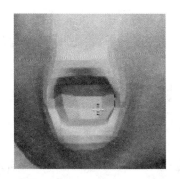

图 4 – 206

　　将嘴的周围雕刻出来，因为这里有口轮匝肌，将嘴唇的厚度明了一下，下嘴唇要比上嘴唇厚。将下巴雕刻出来，还有咬肌的位置，也就是颏隆突（见图 4 – 207）。

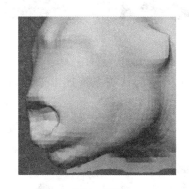

图 4 – 207

　　将上嘴唇向后拖拽，下嘴唇向前拖拽。确定颧骨下面的凹陷（见图 4 – 208）。

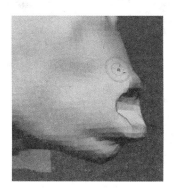

图 4 – 208

用"Clay"笔刷将颧骨雕刻出来。用"Standard"笔刷将口轮匝肌上面的转折雕刻出来。用"Clay"笔刷雕刻眼睛，要陷下去，外眼角的位置向后拖拽（见图4-209）。

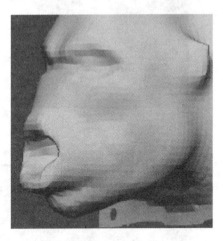

图 4-209

　　用"Move"笔刷将颧骨下方的起伏关系拖拽出来，用"Clay"笔刷将鼻子的大体轮廓雕刻出来（见图4-210）。

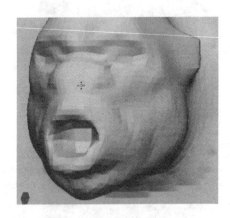

图 4-210

　　用"Clay"笔刷将皱眉肌和额结节雕刻出来（见图4-211）。

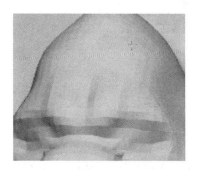

图 4 – 211

将耳朵的大形拖拽出来。耳朵很小，大概在眼眶上一点的位置到颧骨的位置之间（见图 4 – 212）。

图 4 – 212

将颞窝的转折雕刻出来，颧弓凸起来一点，眼睛的地方要凹下去（见图 4 – 213）。

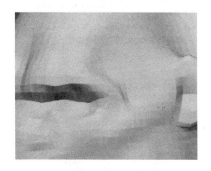

图 4 – 213

用"Standard"笔刷将鼻子的形状和鼻孔挖出来，然后用"Pinch"笔刷收缩一下。眉弓的部分也需要收缩一下，使之出现转折（见图 4 – 214）。

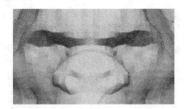

图 4 – 214

　　调整口形，将上嘴唇的形状调整好，然后将下巴下面雕刻出一些肉感（见图 4 –215）。

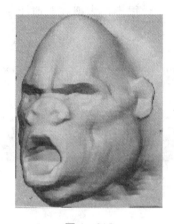

图 4 – 215

　　脖子做得有点粗了，猩猩本身的脖子并没有那么粗（见图 4 –216）。

图 4 – 216

在动态之前将口腔再向内凹得深一点。可以用"Inflat"笔刷，按住"Alt"键向内膨胀（见图4-217）。

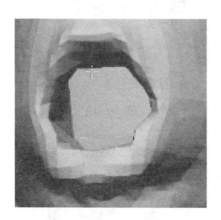

图4-217

现在我们的大形调整得差不多了，将"Resolution"的数值改到70左右，调至动态网格。用"Clay"笔刷给鼻子再填出点肉感（见图4-218）。

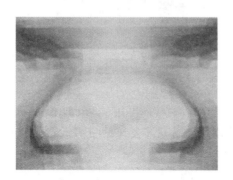

图4-218

线有点少，我们进行一级的细分之后，再来对鼻子进行雕刻。将鼻子的大体纹路雕刻出来。将皱眉肌的大形雕刻出来（见图4-219）。

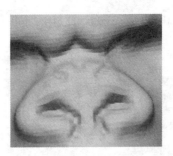

图 4 – 219

鼻子与脸部之间的转折用"Standard"笔刷雕刻出来，然后用"Pinch"笔刷将口轮匝肌的转折收紧（见图 4 – 220）。

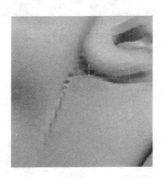

图 4 – 220

用"Clay"笔刷将嘴唇变厚一点，再用"TrimDynamic"笔刷将嘴唇的地方削平，人中的地方用"Clay"笔刷反向雕刻进去（见图 4 – 221）。

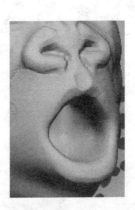

图 4 – 221

用"Clay"笔刷将下巴的肉感填出来，还可以雕个双下巴（见图4-222）。

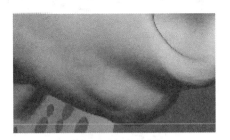

图4-222

皱眉肌是搭在眼眶上面的，所以要把皱眉肌和眼眶之间的转折做出来（见图4-223）。

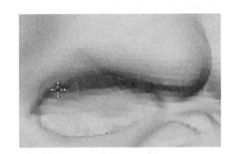

图4-223

将皱眉肌的范围确定一下，额结节那里会顶起来一点（见图4-224）。

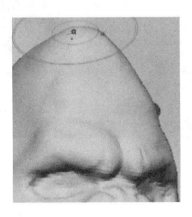

图4-224

将耳朵的大形拖拽出来，耳轮不要在一个平面上，耳朵里面要稍微雕刻一下。此时面数还不够，还不能细致雕刻，先把大体的起伏雕刻出来（见图 4 – 225）。

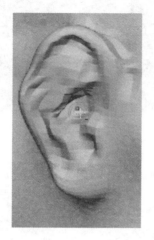

图 4 – 225

将口腔向内挖，用"Clay"笔刷将口腔内的舌头填出来，再用"Standard"笔刷将牙齿雕出来，然后用"Clay"笔刷增加牙齿的厚度。将口轮匝肌的下面收紧一点（见图 4 – 226）。

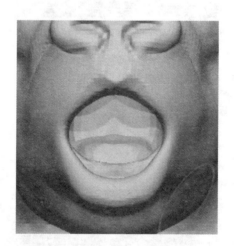

图 4 – 226

进入低级别，调整颌骨的大形（见图 4 – 227）。

图 4 – 227

用"Inflat"笔刷给鼻子增加点肉感，把肉做出比较挤的感觉。再用"Pinch"笔刷将鼻子上皱纹的缝隙收紧（见图 4 – 228）。

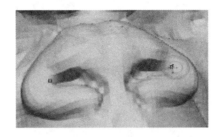

图 4 – 228

将鼻子遮罩住，将眉头向下压（见图 4 – 229）。

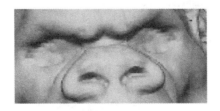

图 4 – 229

进入高等级，按"Tool-Geometry"菜单中的"Del-Lower"将高等级删除掉，然后将"Resolution"值调至 104，然后再转至动态网格。注意：在有层级的情况下，是无法转至动态网格的。

细分一级，用"Standard"笔刷将鼻孔、鼻子与脸部之间的转折、口轮匝肌的转折雕刻出来（见图 4 – 230）。

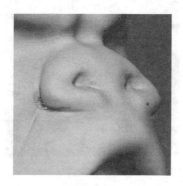

图 4 – 230

用"Clay"笔刷将牙齿填出来一点。然后用"TrimDynamic"笔刷将上嘴唇的转折削出来（见图 4 – 231）。

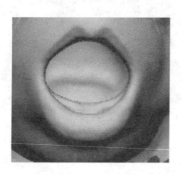

图 4 – 231

进入低级别，如果嘴唇用力向前挺的话，下嘴唇与颏隆突之间的转折就会比较深，可以将那里的转折刻画一下（见图 4 – 232）。

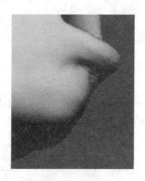

图 4 – 232

将下嘴唇加厚（见图 4 – 233）。

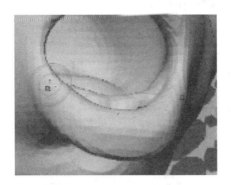

图 4 – 233

将鼻子旁边大的皱纹走向用 "Standard" 笔刷挖出来，不要破坏整体结构。如果破坏了，用 "Clay" 笔刷将整体结构填完整（见图 4 – 234）。

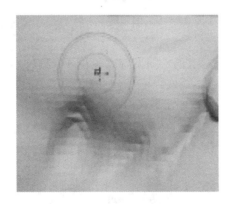

图 4 – 234

将上眼眶骨头的转折用 "Standard" 笔刷反向雕刻出来（见图 4 – 235）。

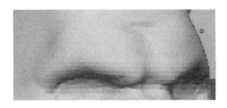

图 4 – 235

进入高级别，将耳朵里面的细节雕刻出来（见图4-236）。（如人耳，"y"字和"9"字要雕刻出来，耳垂要有点肉感）

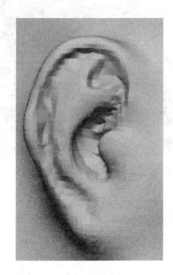

图4-236

进入低级别，将脸颊上褶皱的走向调好（见图4-237）。

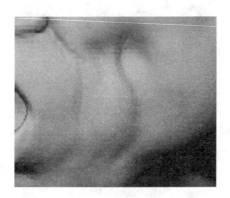

图4-237

将内眼角挖深，用"Clay"笔刷将眼球填出来（见图4-238）。

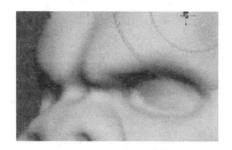

图 4 – 238

　　将皱眉肌皱得再厉害一点，鼻根的部分变窄一点，将皱眉肌和鼻子部分的转折收缩一下（见图 4 – 239）。

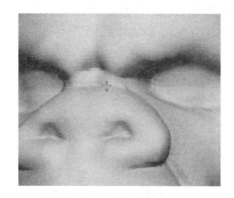

图 4 – 239

　　转至底视图，用"Standard"笔刷雕刻眼眶的转折，并雕刻出骨头的硬度（见图4 – 240）。

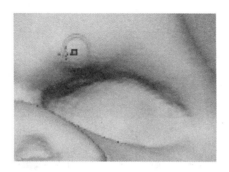

图 4 – 240

用"TrimDynamic"笔刷将上眼眶的块面感削出来，再将眼球填出来（见图 4 – 241）。

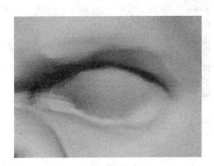

图 4 – 241

用"ClayBuildup"笔刷缩小数值，将上眼皮雕刻出来，用"Standard"笔刷向内雕刻，将上眼皮的厚度雕刻出来（见图 4 – 242）。

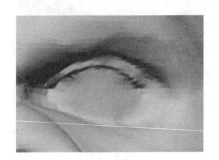

图 4 – 242

将眉弓遮罩住，一直遮罩到额头，将鼻子也遮罩，然后将上眼皮向上移动（见图 4 – 243）。

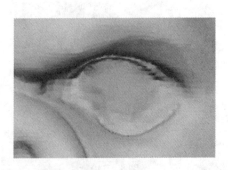

图 4 – 243

将鼻子和嘴唇上的纹路用"Standard"笔刷雕刻出来，再用"Pinch"笔刷将它收缩（见图 4 – 244）。

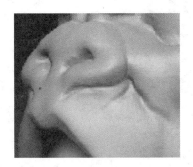

图 4 – 244

将眉弓向下压，刻画出眉弓上的皱纹。主要雕刻纹路的走向，先雕刻对称的，不对称的放在最后雕刻（见图 4 – 245）。

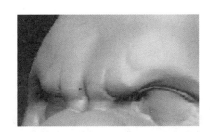

图 4 – 245

用"Clay"笔刷将下嘴唇嘴角的地方填厚一点（见图 4 – 246）。

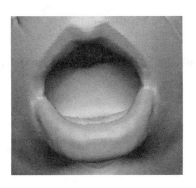

图 4 – 246

用"Clay"笔刷将嘴唇边上的边缘线刻画出来（见图4-247）。

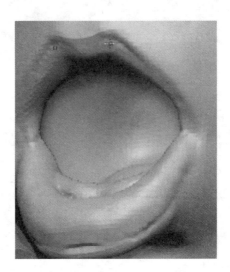

图4-247

用"ClayBuildup"笔刷将上眼皮填出点厚度（见图4-248）。

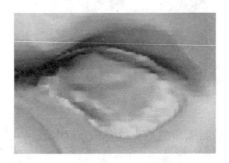

图4-248

进入低级别，将脖子上的皱纹做出来，再用"Pinch"笔刷将褶皱收紧一点（见图2-249）。

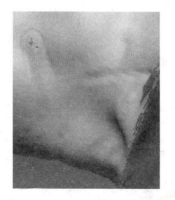

图 4 – 249

进入高级别，细分一次。关掉对称雕刻按钮，用"Standard"笔刷将鼻子上的褶皱雕刻出来，笔刷的力度调强一点（见图 4 – 250）。

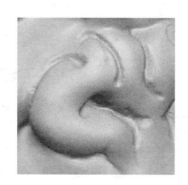

图 4 – 250

用"Clay"笔刷将褶皱边缘填出一点肉感，尽量做出紧凑的感觉（见图 4 – 251）。

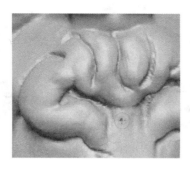

图 4 – 251

进一步雕刻肉感，从各个角度来调整鼻孔的形状（见图4－252）。

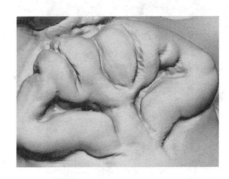

图4－252

用"Standard"笔刷将皱眉肌的边缘雕刻出来，然后用"Pinch"笔刷将边缘接缝收紧（见图4－253）。

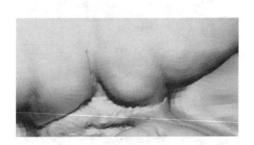

图4－253

眼眶上面的变化要做得多一点，让视觉的重心集中在眼睛周围。用"Clay"笔刷将眼眶上面的肉感填明显一些。皱眉肌那里的褶皱要宽窄不一（见图4－254）。

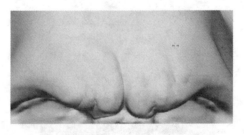

图4－254

进入低级别，将眉弓上的褶皱雕刻出来，进入高一级别，用"Standard"笔刷雕刻，将上眼皮的边缘肯定一下。用"Clay"笔刷将下眼皮填出来（见图4－255）。

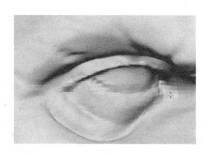

图 4 – 255

眼角的褶皱会一直被拉扯到降眉间肌，将下眼皮雕刻出一些皱纹（见图4－256）。

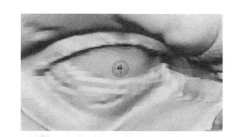

图 4 – 256

进入低级别，给眼睛下面的肉添加褶皱。用"Standard"笔刷雕刻出褶皱，然后再用"Pinch"笔刷将褶皱收缩，褶皱要有深浅的变化。用"Clay"笔刷填出肉感。雕刻褶皱的时候进入低一点的级别，雕刻出肉感，进入高级别（见图4－257）。

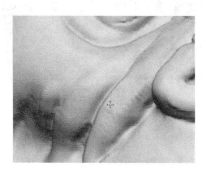

图 4 – 257

将颧骨和眼睛下面的肉划分出来。将颧突上面肉的褶皱雕刻出来，然后用"Clay"笔刷填出一点肉感（见图4-258）。

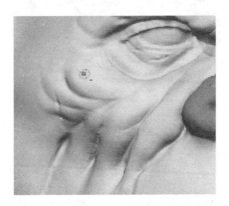

图4-258

在雕刻细节的时候，我们始终没有开过对称雕刻，通过对比左半脸和右半脸，就可以看出我们刚才的努力成果（见图4-259）。

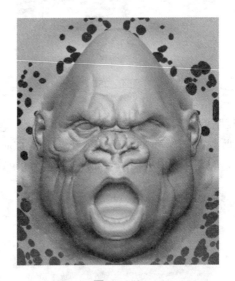

图4-259

我们先对眼睛的细节进行刻画，之前，眉弓上面的肉感雕刻得不是很明显。现在进入低级别，将眉弓上面的肉整体雕刻起来（见图4-260）。

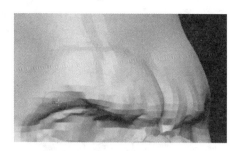

图 4 – 260

进入高一个级别，将眼眶的褶皱雕刻出来，然后增加肉感（见图 4 – 261）。注意：因为地心引力，所以肉会垂下来，下面的肉要比上面的肉厚。

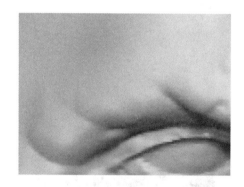

图 4 – 261

按照原图的样子，我们用"Standard"笔刷在其额头上画几条褶皱（见图4 – 262）。

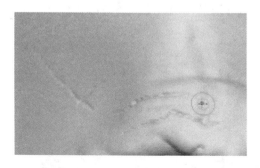

图 4 – 262

然后用"Clay"笔刷在褶皱的周围加上肉感（见图 4 – 263）。

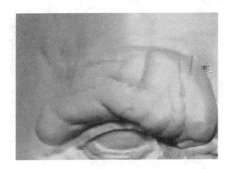

图 4 – 263

继续刻画额头的褶皱和肉感，一定不要让褶皱的深度太相同，也不要平行，那样会很难看（见图 4 – 264）。

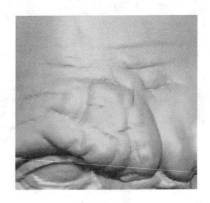

图 4 – 264

用同样的方式将右边的褶皱先画出来，然后在它的周围填上肉感（见图 4 – 265）。

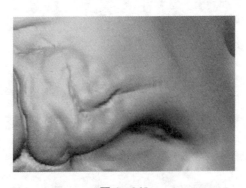

图 4 – 265

用"Standard"笔刷挖深皱眉肌中间的那条接缝，然后用"Clay"笔刷刷皱眉肌，使它变得紧凑（见图4-266）。

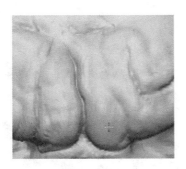

图4-266

在眼角的地方做出细节，堆出点脂肪，然后画出褶皱（见图4-267）。

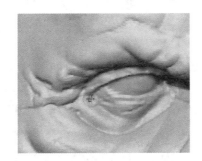

图4-267

再画出些小的褶皱，画完褶皱之后，一定要在旁边增加肉感（见图4-268）。

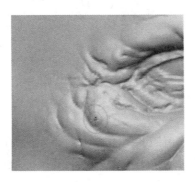

图4-268

从大的褶皱向外延伸，一点一点地往外雕刻褶皱。将脸颊上的褶皱也雕刻出来（见图4-269）。

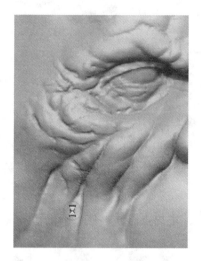

图4-269

用"Dam-Standard"笔刷加强褶皱的层次（见图4-270）。

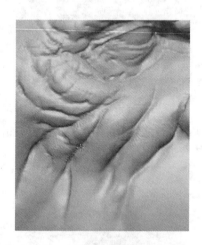

图4-270

在脸上出现如下图所示的褶皱，是不正确的，猩猩的脸上是不可能长出这么规律的褶皱的。所以我们雕刻的时候，不要把褶皱的宽窄胖瘦都雕刻得一模一样，要有轻微的变化（见图4-271）。

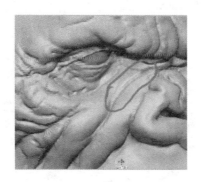

图 4 – 271

用"Dam-Standard"笔刷在口轮匝肌上雕刻几条大的褶皱，注意深浅的变换。褶皱雕刻完后，还要在褶皱旁边用"Clay"笔刷增加些肉感（见图 4 – 272）。

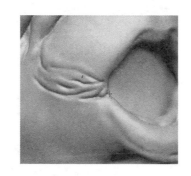

图 4 – 272

进入低级别，将颏隆突上的褶皱雕刻出来（如果原图看不到，就可以随意点，只要在大体的走向上不破坏形体就行）。然后用"Clay"笔刷给褶皱增加些肉感。有的地方褶皱不够紧凑，要用"Pinch"笔刷将其收紧（见图 4 – 273）。

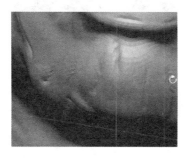

图 4 – 273

再将上嘴唇的褶皱雕刻出来。褶皱一定要雕刻得自然一点（见图 4 – 274）。

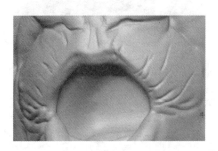

图 4 – 274

褶皱雕刻完后，给它填些肉感。再将比较深的坑雕刻一下（见图 4 – 275）。

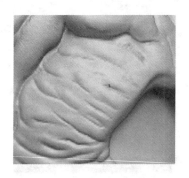

图 4 – 275

用"Pinch"笔刷将褶皱的一些地方收紧一点，表现出变化的感觉。再将一些地方松弛一下，不要看上去都一样（见图 4 – 276）。

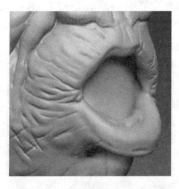

图 4 – 276

用"Dam-Standard"笔刷将嘴唇上的褶皱雕刻出来，然后填些肉感（见图4 – 277）。

图 4 – 277

向脸颊后方拓展褶皱。升一个细分等级，对下眼皮的褶皱进行细致的雕刻。用"Dam-Standard"笔刷将下眼皮的褶皱雕刻出来（见图4 – 278）。

图 4 – 278

再在整体的脸部添加一些细小的纹理，刻画颊隆突上面的褶皱（见图4 – 279）。

图 4 – 279

进入低级别，在颧弓上面勾勒出几条大的褶皱（见图 4 – 280）。

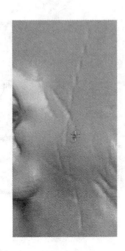

图 4 – 280

然后进入高一个级别，继续刻画细小一点的褶皱（见图 4 – 281）。

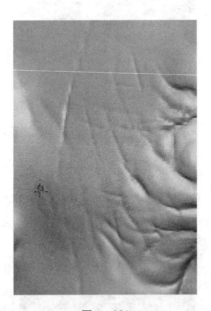

图 4 – 281

褶皱不要太平均，注意虚实的变化，有的地方可以松弛一下（见图 4 – 282）。

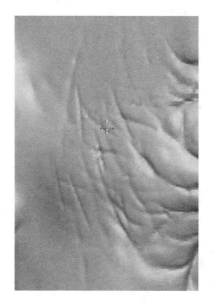

图 4 – 282

进入最高级别，增加些肉感，让人感觉真实一点（见图 4 – 283）。

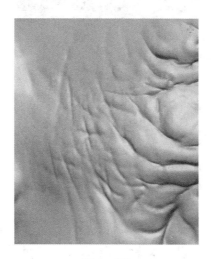

图 4 – 283

把一些不在视觉中心的褶皱松弛一下，不要到处都很有细节，那样会让人感觉到没有重点（见图 4 –284）。

图 4 – 284

嘴唇上不能松弛，口轮匝肌上的褶皱可以虚一点（见图 4 – 285）。

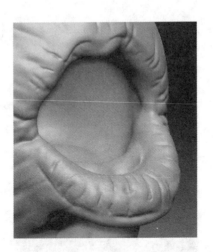

图 4 – 285

　　因为没有开对称雕刻，所以如果想要完整地雕刻，可以按照原图将右边的纹路雕刻出来。如果只是练形体，则可以随意地雕刻点褶皱，然后填出肉感（见图 4 – 286）。

图 4 – 286

最后用"TrimDynamic"笔刷轻轻地将细节整理一下。这样猩猩脸部的雕刻就完成了（见图 4 – 287）。

图 4 – 287

在第三、第四两个章节中，我们讲解了一下脸部的雕刻，想必大家已经学会雕刻脸部了吧。下一个章节我们就开始学习如何对身体进行雕刻。要想用 ZBrush 这款软件做出好作品，一定要多练，这样一来，对形体的把握能力就会增强。

5 3ds Max 角色多变形建模技巧

工欲善其事，必先利其器。在开始制作角色前，必须把需要用到的工具准备好。3ds Max 中的工具非常多，但并不是所有的命令都需要用到。下面介绍的一些常用工具是笔者根据多年实践操作经验总结出来的，在 3ds Max 中对角色建模比较实用。但是，这些工具在实际创作中经常会被忽略。下面我们就详细看看有哪些建模技巧。

5.1 建模技巧

5.1.1 透视设置及坐标系

3ds Max 中的"透视"图默认"视野"设置为 45，这是一个略带广角的透视。如果在默认"透视"图中创建一个摄影机，观察摄影机的镜头应当是 43.456mm，而在实际生活中，拍人像时摄影机的视野需要 80mm 以上才可以。

在建模初始就应该保证视口的透视是一个近似于人眼的透视。这样创建出来的角色才不会变形。笔者测试视图的视野参数一般在 10~50 之间，这样能得到比较好的透视效果，这里我们将视野参数暂时设置为 15。

图 5-1 是两个不同视野参数下的对比，大家仔细观察可以看出其中的不同。

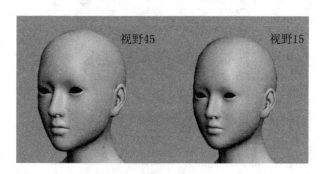

图 5-1

在视图左上角的"透视"二字上单击鼠标右键，在下拉列表中选择"视口配置"，在弹出来的"视口配置"对话框中将"视野"改为 15，如图 5-2 所示。

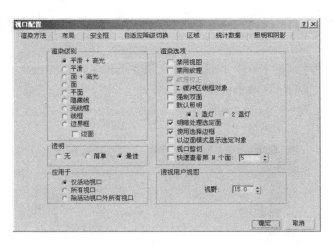

图 5 – 2

5.1.2　快捷键和选择方式

快捷键的大量使用对提高操作效率是毋庸置疑的。笔者提倡大家多使用快捷键，这样既能提高操作效率，又能减轻握鼠标的那只手的压力。随着 3ds Max 版本的更新，有些默认的快捷键也随之改变了。下面介绍一下在 3ds Max 5008 中一些设置快捷键的经验。

在进行视图操作时，"右"视图的使用频率很高，但是软件并未设置此视图的快捷键，我们将其自定义为 "Shift + R" 键，以此来快速切换右视图，如图 5 – 3 所示。

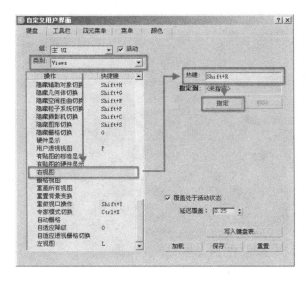

图 5 – 3

在人体建模中有两个多边形命令是经常使用的，它们是可编辑多边形"选择"卷展栏中的设置。

3ds Max 在 2008 版本中取消了如图 5 – 3 所示的两个操作的快捷键。由于二者使用频率相当高，因此我们将这两个快捷键改回来。

选择"自定义" > "自定义用户界面"命令修改快捷键，如图 5 – 4 所示。

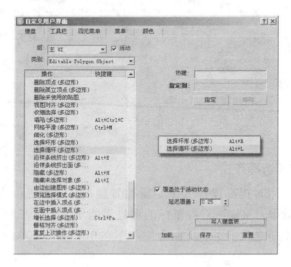

图 5 – 4

这两个快捷键的操作效果如图 5 – 5 所示。

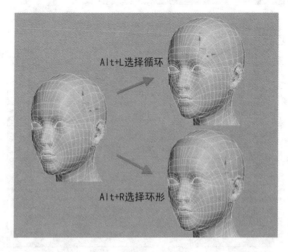

图 5 – 5

5.1.3   多边形操作与相关修改器

3ds Max 中有很多针对可编辑多边形的命令和相关修改器，合理地运用它们能显著地提高工作效率。

在制作一些形体时经常需要将模型调整得非常圆滑，或需要将一个很强烈的转折变得平缓等，这时可以使用编辑多边形的"松弛"工具进行处理，松弛后就会使点与点之间的距离分布均匀，如图 5 – 6 所示。

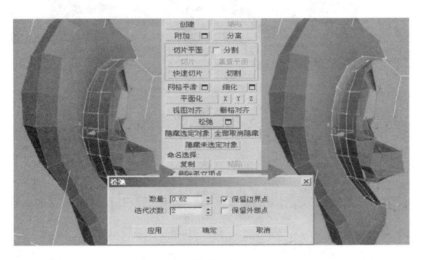

图 5 – 6

编辑多边形中的"平面化"也是比较常用的命令，它可以将选择的点置于一个平面上。之后再使用"球形化"修改器，将空间位置内不同的一圈点变成一个在同一平面内且规则的圆形，以便于进行下一步操作，如图 5 – 7 所示。

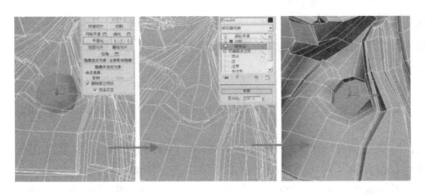

图 5 – 7

在建模中除了常用的"对称"、"涡轮平滑"等修改器之外，笔者还经常用到"推力"修改器。例如，在进行"连接"操作之后，新连接的线很不圆滑，此时用"推力"修改器进行调整，就能使弧线变得圆滑，然后使用"塌陷到"命令就可以编辑多边形了，如图 5 - 8 所示。

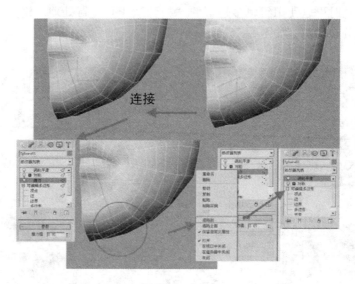

图 5 - 8

模型创建的好坏不是由工具决定的。很多的专业模型师在整个建模的创建过程中仅仅用到几个命令，但其作品一样令人惊叹，这在于他们已经将这些操作变为一种本能反应。建模需要把大量的精力放在塑形与调整上，只有将这些操作技巧完全熟练掌握，才能完全地投入到创造的世界中。

5.1.4 各类模型的布线要求

初学 CG 的朋友可能对"布线"这一词汇没有太多概念，经常会提出诸如此类问题：建模为什么要考虑布线？低模的布线和高模的布线有什么区别？低模和高模哪个更难以把握？

对于这些问题，笔者的回答如下：

第一，布线是模型建造过程中不可避免的问题，是日后展 UV、刷权重、做动画的依据。

第二，游戏用模型（低模）和影视用模型（高模）在布线方面存在着一定的共性，同时也有很大的区别（这部分会在本章节中进行详细讲解）。

第三，低模相当于绘画中的结构素描，能很好地锻炼模型师的概括力；高模类似素描长期作业，能锻炼模型师的综合能力，例如概括力、深入刻画能力等。在相同技术水平和理论知识的前提下，笔者认为低模相对容易入门，但要做出高水平的低模，是非常不易的。

由于高模和低模在做动画时，其线的运动与伸展原理一样，因此在大部分情况下，它们的布线理论是相通的。随着硬件水平的不断提升，高模与低模的概念也将越来越模糊。一项可能长期存在的区别是：电影级模型在渲染时需要对原始模型进行细分（圆滑），细分 N 级后使用 DISPLASE 置换出极为微小的细节，而游戏则在相当长一段时间内还只能靠纹理贴图营造模型无法表现的细节。因此，就布线而言，一个是针对圆滑后的结构特征创建模型，一个是完全靠现有的线和面来表现最终结构的形体效果。

由于模型需要圆滑的关系，高模在布线方面忌讳的东西要比低模多很多。

高模在圆滑后，那些塑造形体时创建的三星、三角面、多星、多角面会严重影响模型的平滑度和伸展能力。而低模则不同，对它来说，高模忌讳的东西却是精简面和塑造形体的重要组成元素。低模布线的原则是，在尽可能少的面数下表现出尽可能丰富的结构细节，同时在运动幅度较大的地方可以自由伸展且不会变形。

5.1.4.1　低模布线分析

5.1.4.1.1　游戏模型类型

我们大致可以将低模分为网络游戏模型和次世代游戏模型。两者只存在精度和面数上的差别。

1.　网络游戏模型

实时交互性的网络游戏通常会出现多个角色在同一画面内的情况。要保证玩家的电脑依然可以流畅显示，网络游戏角色的面数就需要限制在一个范围内。一般网络游戏的角色面数会控制在 400~5 000 之间，如图 5-9 所示。

图 5-9

2．次世代游戏模型

随着 PC 硬件日新月异的更新换代，PS3、XBOX360、Wii 游戏机推陈出新。次世代游戏对模型的要求也越来越高，单个角色面数过万已经不再是稀奇的事了，如图 5 - 10 所示。

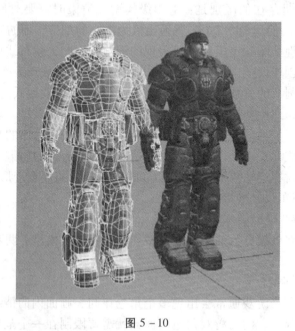

图 5 - 10

5.1.4.1.2　游戏模型布线总论

关于游戏模型的布线方法，我在此对它们进行统一讲解。

由于低模不需要进行网格平滑，所以不忌讳三角面、多星以及多面塑形，如图 5 - 11 所示。

图 5 - 11

多边形（包括四边形）内含虚线已经分成多个三角面了，为了更好地表现结构转折，最好用手工更改虚线的连接方式，使其符合结构走向，如图 5 - 12 所示。

图 5 – 12

布线要求是以最少的面来表现更多的结构及转折，并保证在相应面数边缘尽可能地圆滑。

如图 5 – 13 所示，左边小球的面数比右边小球的面数少，但边缘却更平滑，锯齿感没有左边的明显。

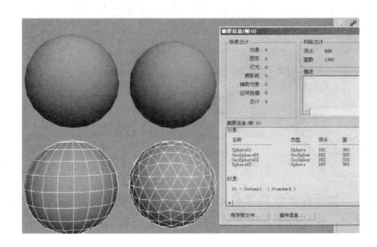

图 5 – 13

平坦部分尽量减少面数，为了减少锯齿，表现出圆润的效果，有起伏有弧度的部分则需要一定的面数，如图 5 – 14 所示。

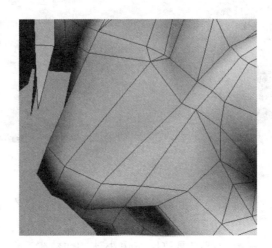

图 5 – 14

重叠部分的面完全没必要创建出来，如图 5 – 15 所示。

图 5 – 15

可动画的关节处要保证骨点处有足够的伸展线，而受挤压地方（垂直骨骼的线）的伸展线相对较少，这样在弯曲时才不会破坏结构，如图 5 – 16 所示。

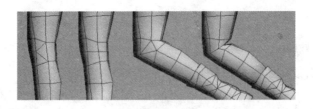

图 5 – 16

其他布线方式跟高模大体一致。总的来说，创建低模讲究的是合理利用面的能力。

5.1.4.2　高模布线分析

接下来介绍高模的布线。高模大致可以分为两类：

1. 电视广告、MTV 与游戏过场动画级别

电视广告和 MTV 是一种以电视为宣传媒介的动画，它们对画面的美感以及真实性的要求一点也不亚于电影的要求。但出于载体分辨率的限制，极其微小的细节在电视画面里不易呈现出来，因此在制作精度上只要能满足 480i 的要求即可，如图 5 – 17 所示。

图 5 – 17

过场动画作为游戏的宣传影像，在视觉上的要求相对于游戏本身要高很多。毕竟有很多玩家是看过动画后才想去玩同名游戏的。因此在很大程度上，过场动画的优劣直接反映该游戏公司的制作实力，效果不容马虎。单个完整着装的角色，其面数可达到 50 000 甚至更高，如图 5 – 18 所示。

图 5 – 18

2. 电影级别

就面数来说，电影级别的绑定用模型不比过场动画模型高多少（世界上还没有能对1 000万面以上的原始模型实施刷权重的硬件）。所以，当大家看到影片特辑介绍里说某角色的面数高达几千万时，就应该明白这讲的都是渲染时置换后的面数。电影级角色之所以有这种要求，完全是为了迎合5~4 000（4 000分辨率）的工业级要求，把画面投影到几百甚至上千平方米的大尺寸布幕上，角色的边缘依然可以圆滑，没有锯齿，角色的毛孔也能清晰可见。而游戏宣传及电视广告的媒介是电脑和电视，分辨率在750就够了，所以，一般的精度完全可以被观众接受。电视级角色与电影级角色的区别不在于角色是否足够真实，或是结构是否足够精准。电影级角色之所以被称为"电影级别"，是因为它的模型能够应付超大分辨率的播放需求。

电影根据不同的情况，在制作上也会有不同的要求。好莱坞的写实特效大片对角色的要求是相当苛刻的。为了杜绝破绽的出现，要达到无论摄像机在任何机位拍摄，模型的细节都能够完美地呈现在观众眼前的程度。

以上就是我所说的电影级角色是超级写实的说法，然而不排除在电影级中我们曾经看到过的劣质CG电影，因为从理论上说，只要渲染尺寸足够了，就都能称为电影级。

对于模型的面数并没有死规则，几十万到几千万都是可以的。如图5-19所示为电影《蜘蛛侠5》中的CG角色章鱼博士。

图5-19

有人认为在能够刻画出结构的基础之上，线越简越好。这种想法是不完全正确的，线过少会导致肌肉变形的可操控性下降。模型的布线并不是以定型为最终目的，而是要考虑到日后在动画中是否可用，即使是做单帧，也要考虑后续绘制贴图的问题。

5.2　布线的方法与布线时容易出现的问题

5.2.1　布线的疏密依据

无论是游戏级角色还是电影级角色，布线的方法基本上都没有太大的区别，只是在疏密程度上有所不同，基本上可以遵循这样的规律：运动幅度大的地方，线条密集（包括关节部位、表情活跃的肌肉群等，如图 5 - 20 所示的椭圆框勾勒处）。

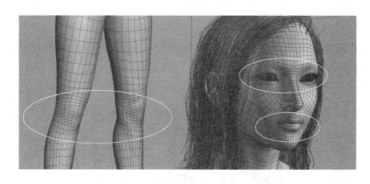

图 5 - 20

密集的布线有两个用途：

（1）在深入刻画时，用来表现丰富的细节。

（2）在做动画时，促使模型更自由地伸展运动。

由于眼睛在表情动画中的变化是最丰富的，因此眼眶周围需要布出足够多的伸展线来满足动画的需要。

头盖骨部位不会产生肌肉变形和骨骼的运动，所以此处的布线只要能达到定型的目的就可以了。

耳朵的结构很复杂，这里的密集线条只不过起到表现结构细节的作用，如图 5 - 21 所示。

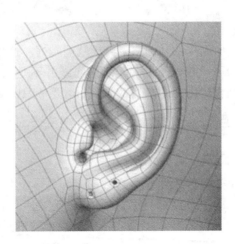

图 5 - 21

运动幅度小的地方用稀疏的线，包括头盖骨，部分关节与关节相接的地方，如图 5 - 22 所示的椭圆框勾勒处。

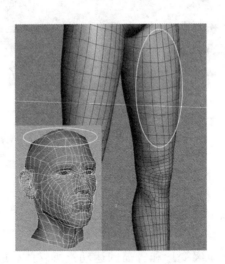

图 5 - 22

5.2.2　布线的方法

1. 均等四边形法

顾名思义，均等四边形法要求线条垂直或平行于骨骼走，线的排列规则、平均，组成元素均是四边形，如图 5 - 23 所示。

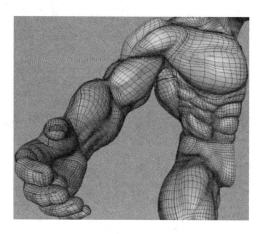

图 5 – 23

由于面与面的大小均等，排列有序，因此在进行后续的制作时，包括展开拓扑图、给角色蒙皮以及添加肌肉变形等方面提供了很大的便利，而且在修改外形的时候很适合用雕刻刀这一利器。但其缺点是，要想体现更多的肌肉细节，面数就会成倍增加（一般用于视觉苛刻的电影角色）。均等四边形法的线路安排一般是按照骨骼的大方向走，即纵线要与骨骼垂直，如图 5 – 24 所示。

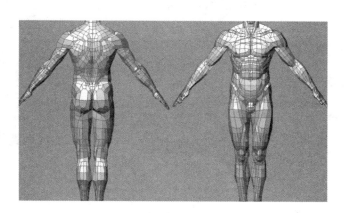

图 5 – 24

以上方法可以总结为 8 个字：动则平均，静则结构。

在处理要求大的伸展空间和变形复杂的局部时，采用平均法能够保证在线量充沛及伸展方向合理的条件下支持大的运动幅度，如图 5 – 25 方框处所示。变形较少的局部，可采用结构法做足细节，这时就不必考虑太多其运动的可伸展性，如图 5 – 25 蓝线处所示。

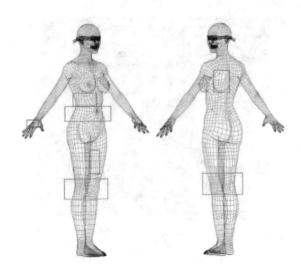

图 5 – 25

鉴于生物体的复杂性，在建模时无论采用平均法还是结构法都难以避免五星、三星、多边面和三角面问题的产生，怎样处理好它们之间的关系就显得尤为重要了。如图 5 – 26 所示，红色勾勒的为五星或多星，黄色勾勒的为三星，蓝色勾勒的为多边面，绿色勾勒的为三角面。

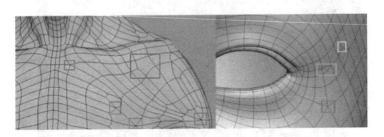

图 5 – 26

2. 五星、三星、多边面和三角面的注意事项

首先，多边形建模一般都要兼顾圆滑后的效果，但五星、三星、多边面和三角面会在圆滑后出现不平整的效果，在视觉上会产生瑕疵。

其次，五星或五边面在做表情或肌肉变形时会难以控制，不能很好地伸展，一般哪里出现五星，伸展便会在哪里终止，如图 5 – 27 所示，眼睛的表情伸展能力基本上会在黄线处终止，而微笑的能力在红线处就终止了。

如果五星、三星、多边面或者三角面出现在运动幅度较大的地方，就会严重影响到肌肉的正常变形，如图 5 - 28 所示就是不合适的。人脸作为整个模型的核心部位，要求比其他部位更严格，因此要更加细致地对其进行布线。眼眶和嘴部周围的线圈越多，越有利于肌肉的伸展和表情动画的制作。

 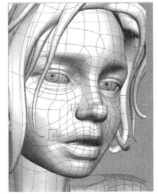

图 5 - 27   图 5 - 28

在无法避免的情况下，将五星和三角面尽量藏置在肌肉运动幅度较小的地方或在主视线以外的地方，如图 5 - 29 所示。

图 5 - 29

3. 一分三法

有些朋友在对模型加细节时喜欢用"挤出（Extrude）"工具，这种建模方式在用于建工业模型时确实很好用，但是，如果用于建生物模型，特别是人体模型，就不提倡了。因为每"挤出（Extrude）"一次，就会生成 4 个五星和 4 个三星。这些状态如果出现在运动幅度大的地方，会给日后的蒙皮和动画带来相当大的麻烦。在不能靠无止境地加线让它符合均等四边形法的情况下，可以采用"一分三法"。

"一分三法"主要用于由简单向复杂的过渡处理（渐增细节），如图 5 - 30 所示，勾勒处的布线如果不按照"一分三法"将线分下来，鼻翼的外形就很难被塑造出来。大腿处如不用此方法，臀部线就不能进行自由的动画变形。

说完"一分三法"，这里要提一下"一分二法"。它们是有本质上的区别的。

"一分二法"一般用于改变线路的走向。例如，图 5 - 30（左上）脸部勾勒的五星及图 5 - 30（右上）勾勒的五星。它是由不同肌肉在交界时产生出来的，起到了分流造型的作用。无论是"一分二法"还是"一分三法"，都会产生五星。

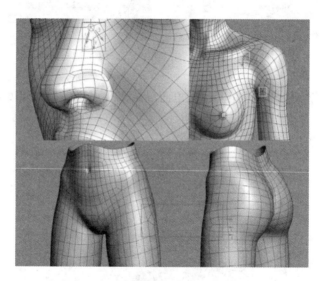

图 5 - 30

5.3　具体模型布线案例分析

5.3.1　头部布线

前面我们曾提到过，模型的布线是为动画服务的，不合理的布线会直接影响动画的效果。那么怎样的布线才算是合理的？怎样的布线又算是不合理的呢？先看一下如图 5 - 31 所示的两张范例。

图 5 - 31

图 5 - 31 中左图的角色是完全不适合做动画的，甚至做一个简单的微笑动作都会使整个面部变形。而右图的角色就很适合做动画，无论出现什么表情，都不会破坏角色固有的面部特征。

这两个模型的最大区别在于鼻头上方两条线的走向，在左图中，这条线一直延伸到耳朵下方。这样的话，面部会有一个重要的结构表现不出来，就是鼻翼两侧的鼻唇沟部分。真实人脸的这部分是向下方一直延伸到嘴角两侧的，并且无论我们做任何表情，此处的结构都会受到影响，而左图中的角色是将该处的布线向两侧延伸，因此做表情动画时自然会使整个面部走形。而图 5 - 31 右图中的角色，这条线的走势是完全按照真实鼻唇沟延伸下来的。无论角色张嘴、咧嘴、微笑，还是大笑，都不会破坏这里的结构。

因此，鼻头上方这两条线的走势可以说是整个脸部布线的法则，虽然布线方法不止一种，但是任何方法都要遵循这个法则，如图 5 - 32 所示。

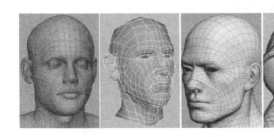

图 5 - 32

在遵循这个法则的基础上，笔者从众多的脸部布线中总结出了两种布线方法，这也是我们布线时经常使用的两种方法。

第一种方法的步骤如下：

按照眼轮匝肌和口轮匝肌的结构，在眼部和嘴部周围一圈一圈地布线，然后以眼睛和嘴的中心为点，向四周散射，如图 5－33 所示。

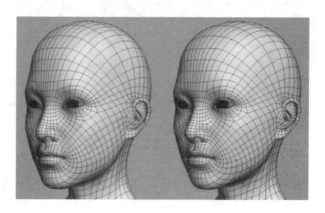

图 5－33

围绕着眼轮匝肌和口轮匝肌的线最终会相交，相交在一起的点会形成一个五星。这时人脸被这个五星分为三块：嘴部一块、眼部一块和侧脸一块，如图 5－34 所示。

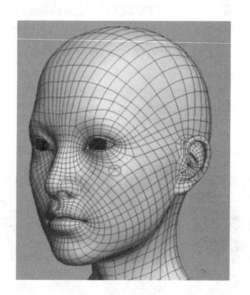

图 5－34

第二种方法的步骤如下：

眼睛布线和第一种是一样的。不同的是，第二种的布线方法是以鼻翼旁边的线为基准，围绕着它向两边扩散。与它相交的，是从鼻中隔延伸到耳朵的线，如图 5 – 35 所示。

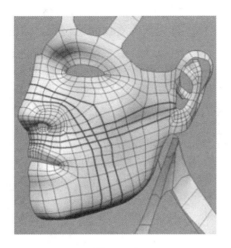

图 5 – 35

鼻唇沟处的线和围绕着眼轮匝肌的线相交到一点，这个点是角色脸部比较重要的五星，它把脸部分为三块：眼睛一块、脸颊一块、鼻子到嘴一块，如图 5 – 36 所示。

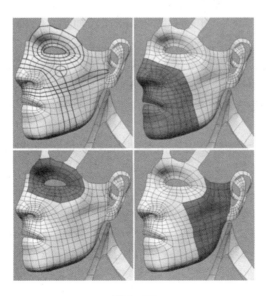

图 5 – 36

以上就是笔者总结出的两种脸部的布线方法，我们见到的不同布线方法基本上都是在这两种方法的基础之上进行改变的。

5.3.2　身体布线

　　身体布线需要注意的只有肩部和大腿根部，因为这两处是人体比较大的关节，也是做动画时活动最频繁的地方。首先来看看肩膀的位置，如图5－37所示。

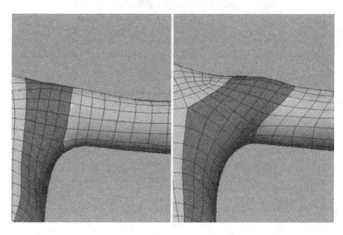

图 5 – 37

　　图5－37中的红色部分是构成肩部的面。大部分朋友在刚学习创建角色时容易把肩部的线布置成左图的样子，因为左图的布线比较简单，结构不会出什么问题。但使用这种方法，一旦将胳膊放下，就会造成线的分布不均匀，肩膀上的线会散开，而腋窝处的线会聚拢在一起，并且三角肌的结构也会走形。使用右图的布线方法处理这里的结构，胸部的线到了腋窝处就斜着延伸了，直到全部包裹住了三角肌。这样的话，无论胳膊朝哪个方向运动，都不会出现布线不均匀的情况，更不会影响到各部分的结构。

　　现在再来看看大腿根部的位置。通常当角色运动时，腿部都会向身体前方旋转，如果在直立状态下布线均匀，那么腿部向前旋转后，臀部的线会散开，腹部的线会聚集。为避免出现这种状况，在布线时应该让臀部的线更密，腹部的线更稀疏。因此，这里需要对腹部使用"三变一法"，如图5－38所示。

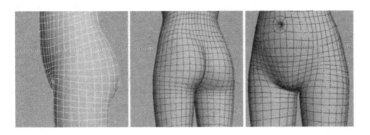

图 5 - 38

在保证四边面的情况下，能让一条线分成三条线，就可以让三条线再合成一条线。这就是要介绍的"三变一法"，这种方法是专门处理线条分布过密的情况的。

选择腹部的线，将其塌陷，然后移除如图 5 - 39 所示的线。

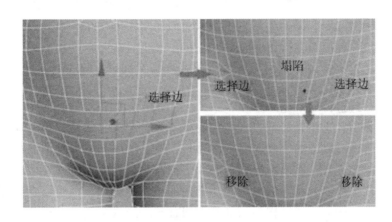

图 5 - 39

以上就是人体一些最重要位置的布线方法。这些位置，要么是视觉最集中的地方，要么是运动弧度最大的地方。只有将这些地方的线处理正确，才可以保证角色运动起来时不会出现很大的问题。

了解了用线的基本原理及基本规律之后再来建造模型，才能做到任何时候都胸有成竹。

6　唯美女性角色头部建模

通过前两章的学习，我们已经完成了塑造角色的准备工作。在开始正式制作前，需要提醒大家，建模是一项十分需要耐心的任务，每一个顶点的调整都将对模型的质量起到至关重要的作用。想要创作出的模型足够吸引人，富有生命感，在制作过程中我们要始终保持创作的热情。开始做出的大形可能未必会让人满意，但是不要失去信心，虚拟的三维空间有实现你梦想的所有东西，细心地去反复练习、熟练制作，在自己的三维世界里为心中的形象织翼。只要按照前面学习的结构和方法进行制作，一个生动的数字女孩将会慢慢展现在你的面前。

头部建模是整个模型中最重要的一部分，其重要程度可以与整个躯干平分秋色。女孩的面部是否亮丽直接决定了大家对模型的第一感觉。除非特殊要求，一般都会把数字美女的头部建造得尽量完美。

在开始制作前，先将建模的过程类比一下雕塑的过程，雕塑时要先抓大形，大形制作完毕后，再慢慢修饰细节，建模亦是如此。先制作出大形和基本的布线，再逐步细化模型的结构与五官。在实际操作过程中，每一步的制作目的都要明确，不能漫无目的。建模过程要伴随着我们的思考和总结出的技巧，更重要的是要有耐心，可以先回忆一下前面学习的头部的结构与头部的布线，然后进入主题。本章的最终成品效果如图 6 - 1 所示。

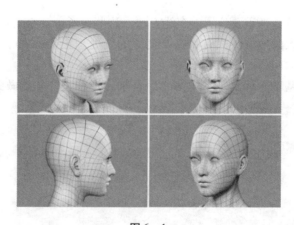

图 6 - 1

6.1   头部大形制作及布线思路讲解

本小节的整体制作流程，如图6－2所示。

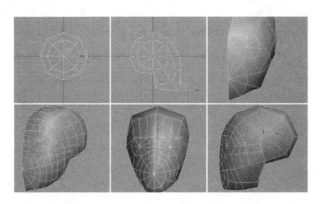

图6－2

打开3ds Max软件，切换为左视图，在世界坐标轴中心建立一个"球体"，大小适中，"分段"数设为8，如图6－3所示。

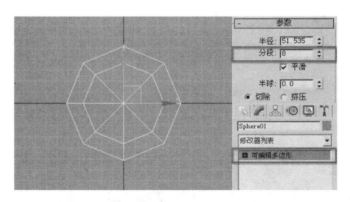

图6－3

切换到透视图，选中球体前下方的四个面，进行"挤出"并适量缩小。在各个视图中调整大体的头形，将图中标红的线删除，以确保整个模型中的面全部是四边形，如图6－4所示。

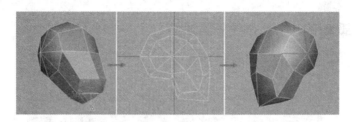

图 6 - 4

在前视图中选中模型的左边进行删除，为模型添加"对称"修改器，调整模型镜像轴为 Z 轴，并勾选"翻转"选项，如图 6 - 5 所示。

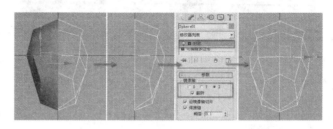

图 6 - 5

确定模型的嘴部位置，按照前面学习的布线规律，以口轮匝肌中心为原点向四周发射线条，像太阳光一样，如图 6 - 6 所示。

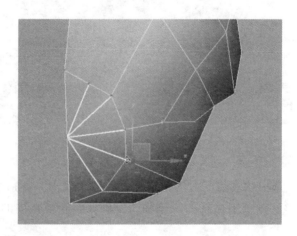

图 6 - 6

画线时确定模型的眼部位置，按照前面学习的布线规律以眼轮匝肌中心为原点向四周发射线条，也像太阳光一样，如图 6 - 7 所示。

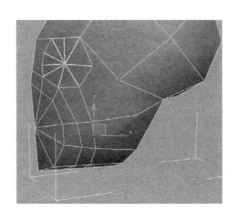

图 6 - 7

接下来就可以按照布线规律为模型加线，先加主要干线，再加刻画结构的辅线，边加线边调整模型的大体结构，如图 6 - 8 所示。

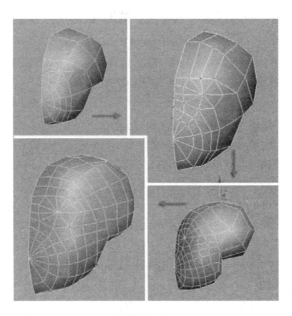

图 6 - 8

本小节将用到"可编辑多边形"参数面板中的"绘制变形"工具。"绘制变形"是一种用于雕刻形体的建模工具，它的原理是通过使用笔刷来推拉顶点，使网格曲面产生变形，非常适用于生物建模。对模型的细节进行修饰的功能类似于 Mudbox 或 ZBrush 等雕刻软件的功能。虽然从功能上来看，3ds Max 的"绘制变形"工具比较简单，但是其控制模型结构的能力远大于其他多边形编辑工具。

首先熟悉一下"绘制变形"工具的各项参数。

Push/Pull（推/拉）：点击该项后，在对象上按住左键并拖动鼠标，可将顶点移入对象曲面内或移出曲面外。移动的方向和范围由 Push/Pull Value（推/拉值）所决定。在绘制时按住"Alt"键可反转推拉的方向。

Relax（松弛）：类似于松弛修改器，可以将靠得太近的顶点推开，将离得太远的顶点拉近。它的原理是将每个顶点移到它的临近顶点平均距离的位置上，使对象曲面变得平滑。

Revert（复原）：点击该项后，在视图中拖动鼠标，可逐步复原上一次提交的推/拉或松弛的效果。

Push/Pull Direction（推/拉方向）：本组的命令可指定对顶点的推/拉方向。

Original Normals（原始法线）：选择后，被推/拉的顶点会沿着曲面变形之前的法线方向进行移动。

Deformed Normals（变形法线）：选择后，被推/拉的顶点会沿着目前的法线方向进行移动。

Transform Axis X/Y/Z（变换轴 X/Y/Z）：选择后，被推/拉的顶点会沿着指定的 X/Y/Z 轴进行移动。常用来将某些点向特定方向移动。

Push/Pull Value（推/拉值）：确定每一次（不松开鼠标进行的一次或多次绘制）推/拉操作应用的方向和最大范围。值为正，可将顶点"拉"出曲面；值为负，可将顶点"推"入曲面。进行绘制的同时按住"Alt"键可将 Push/Pull Value（推/拉值）的正负符号反转。

Brush Size（笔刷大小）：设置圆形笔刷的半径范围。

Brush Strength（笔刷强度）：设置笔刷应用推/拉操作时的速率。强度越高，达到完全值的速度越快。

通过"Ctrl + Shift + 鼠标左键"可快速调整笔刷大小。通过"Alt + Shift + 鼠标左键"可快速调整笔刷强度。

绘制时按住"Ctrl"键可暂时启用复原工具。

熟练使用这些工具可以帮助读者更好地制作自己的模型。

颅型结构雕刻的整体制作流程如图 6 - 9 所示：

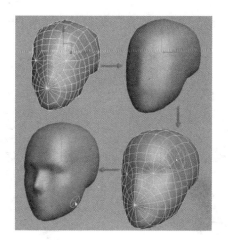

图 6 - 9

头颅的制作步骤如下：

为模型添加一个"涡轮平滑"修改器，使其置于"对称"修改器之上。启用"等值线显示"选项，如图 6 - 10 所示。

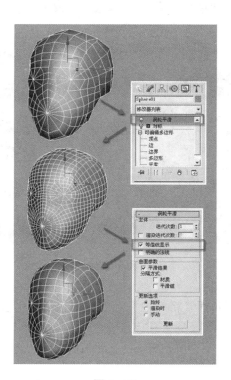

图 6 - 10

　　按照人体结构知识，使用"绘制工具"将模型的大体凹凸结构雕刻出来，效果如图 6－11 所示。

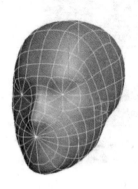

图 6－11

　　此时如果想要做更细致的结构，线已经略微显得少了，可以逐步为模型加线。将构成眼睛的一圈线选中，使用"切角"命令将其切为两根线，切角参数可视模型的具体情况而定，此处设置"切角量"为 2.8，如图 6－12 所示。

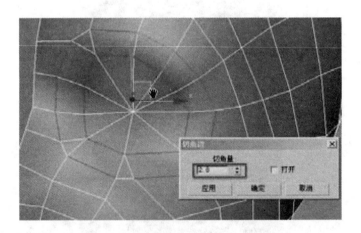

图 6－12

　　切角后会产生四个三角面，将图中标红线的四根线分别选中进行塌陷，即可消除三角面，如图 6－13 所示。

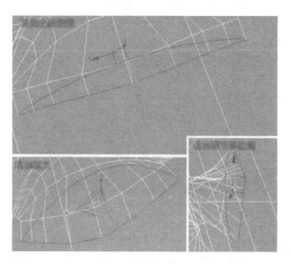

图 6 – 13

当眼部的布线出现很多不想要的结构时，可以对线进行调整。在这里，需要向大家强调一点：虽然布线要符合规律，但没有绝对正确的布线这一说法，只要是合理的布线，就是正确的，如图 6 – 14 所示。

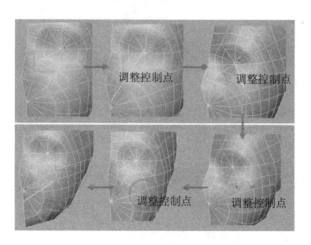

图 6 – 14

模型的眼睛部分已经有线用于眼眶制作，使用"绘制工具"，参考头骨中的颧突、眶上线、眉弓、眶下线、颞窝的结构将眼眶做出来，并随时调整整体结构，效果如图 6 – 15 所示。

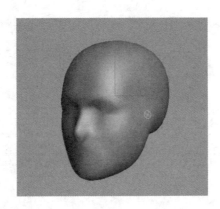

图 6 – 15

此时发现嘴部的线不能制作出嘴部的大形，鼻子和口轮匝肌的区分不明显，可以给嘴部增加段数。

将模型修改器中的"对称"修改器"塌陷到"可编辑多边形，即会成为一个完整的头部模型，如图 6 – 16 所示。

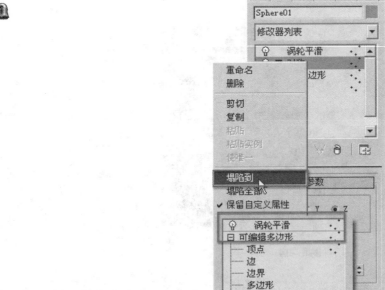

图 6 – 16

选中嘴部中心的点，在右键四元菜单中选择"转换到边"命令，视图中已经将嘴部散射的线选中，如图 6-17 所示。

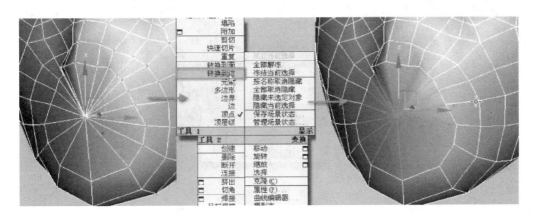

图 6-17

对选中的线段进行"连接边"操作，如图 6-18 所示。

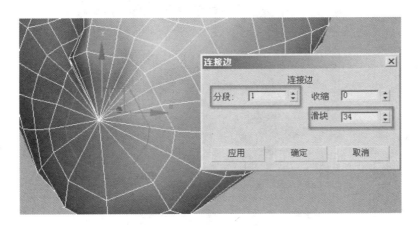

图 6-18

在正视图中将模型的左边选中并进行删除，在"可编辑多边形"修改器上面重新添加"对称"修改器，"参数"的设置与之前相同，如图 6-19 所示。

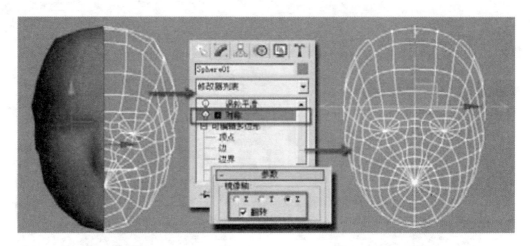

图 6 – 19

此时嘴部的线段已经可以制作出鼻子和口轮匝肌的分界，可以使用"移动"和"绘制"工具，将此处按照前面学习的结构知识进一步制作，效果如图 6 – 20 所示。

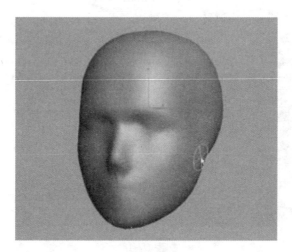

图 6 – 20

6.2 唇部外形的制作

（1）将模型的"对称"修改器"塌陷到"可编辑多边形中，这样做的目的是便于对嘴部两边的点同时进行调节，如图 6 – 21 所示。

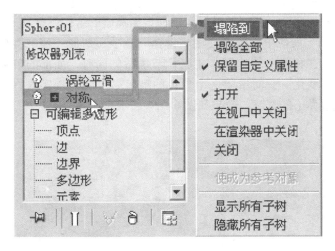

图 6－21

（2）选择图中间的点，执行"切角"命令，从中心切开一个空洞作为调整嘴形的基础形状。如果不把之前的对称塌陷掉，是没有办法实现这样的效果的。注意勾选"切角顶点"面板中的"打开"选项，如图 6－22 所示。

图 6－22

使用"缩放"工具，沿 Z 轴方向缩小成椭圆形，这样嘴唇的外形就大致出来了，如图 6－23 所示。

图 6－23

我们想做的是一个微微张开的嘴唇，下面根据嘴唇的结构调整其形状。

在"软选择"卷展栏中勾选"使用软选择"选项，增加"衰减"的数值，对着嘴唇外形进行调节，在利用"软选择"工具调节嘴唇的同时，面部的口轮匝肌也会随着嘴唇外形一同发生变化。我们希望这个角色的嘴唇尽量能与真实人物相近，所以嘴唇应该较宽，要超过鼻子的宽度，效果如图 6 – 24 所示。

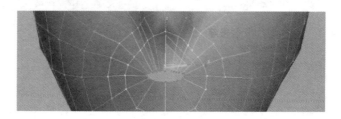

图 6 – 24

在"可编辑多边形"级别下，选中头部的左半边，将其删除，如图 6 – 25 所示。

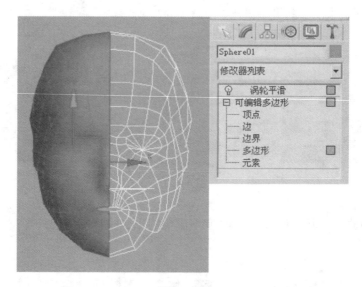

图 6 – 25

为剩下的半边头部添加"对称"修改器，注意要选择"镜像轴"为 Z 轴，并且勾选"翻转"，完整的头部就出现了，如图 6 – 26 所示。

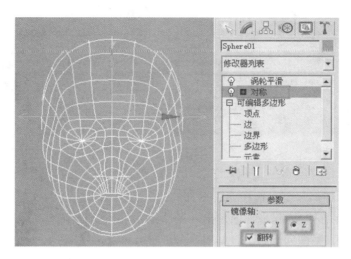

图 6 – 26

回到"可编辑多边形"层级，按下"最终显示结果开/关切换"按钮，就可以显示出整个头部的模型了。

嘴唇结构雕刻的步骤如下：

使用"推/拉"工具使嘴唇贴合脸部的曲线。配合使用"松弛"工具，使嘴部的布线变得均匀。

经过一段雕刻后，嘴唇的大体形状就出来了，但唇部的细节仍然不够丰富，为了把嘴唇刻画得更加生动，需要为嘴部周围的布线增加段数。选择嘴部开口周围的线，使用"连接"命令进行加线处理，如图 6 – 27 所示。

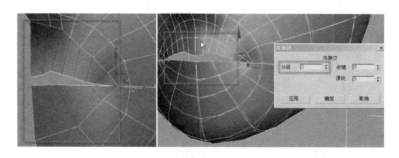

图 6 – 27

有了更丰富的布线，就可以使用"推/拉"工具雕刻出唇部更多的细节。从侧面观察嘴唇的形状，按照嘴唇的正常形状进行雕刻，分别调节上下嘴唇的凹凸形状，注意唇结节的位置和下嘴唇的突起部位，如图 6 – 28 所示。

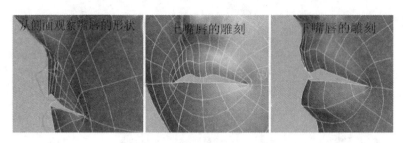

图 6 – 28

首先使用"环形"工具选择嘴唇下部的边，只保留下巴处的这部分边，然后使用"连接"工具将它们连接起来，创建出一条新的边。适当调节"滑块"值，以控制这条边的位置，使其略微向下移动，如图 6 – 29 所示。

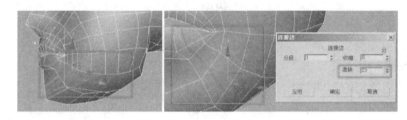

图 6 – 29

为了保证这条新加出来的边能够贴合脸部的曲线，这里需要为其添加"推力"修改器，适当调节"推力值"，使脸部曲线圆润，之后将"推力"修改器"塌陷到"可编辑的多边形中，如图 6 – 30 所示。

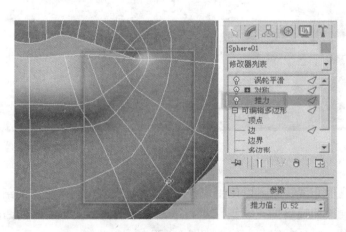

图 6 – 30

使用与上一步同样的方法为下巴部位再添加一条线，如图6-31所示。

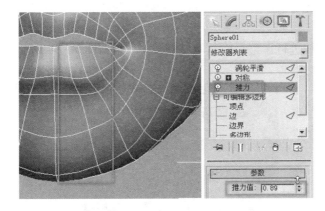

图6-31

选中之前添加的这两条线中间的线，将其删除。这样就由原来的一条线（删除的这条线）变成了两条线（经过两次"连接"出来的线），并且布线均匀，如图6-32所示。

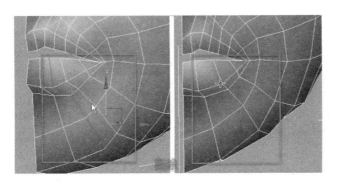

图6-32

嘴唇的布线有了均匀的分布，但是要想做出上下嘴唇的突起细节仍然不够，需要对嘴部外圈的网格线（除嘴角以外的部分）执行"切角"命令，如图6-33所示。

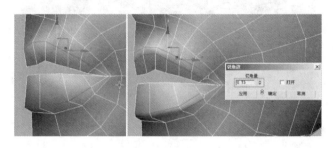

图6-33

　　对嘴角处的布线进行调整，使其均匀分布，效果如图6-34所示。

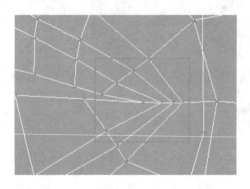

图6-34

　　为了使嘴唇曲线更加平滑，使用"连接"工具继续加线，并沿 y 轴方向向前推，从而产生柔和的嘴唇曲线，如图6-35所示。

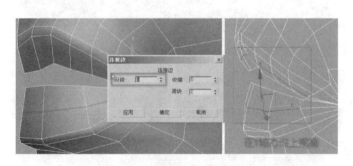

图6-35

使用"推/拉"工具，对网格线的疏密进行调节，使嘴部曲线更为突出，最终效果如图 6-36 所示。

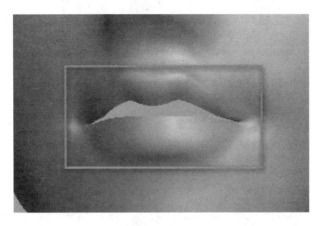

图 6-36

6.3   鼻形的制作

唇形的制作完成后将进入鼻形的制作环节，首先回忆一下鼻子的结构，心中有了鼻子的大体外形轮廓后开始制作。本小节制作流程如图 6-37 所示。

图 6-37

仔细观察鼻子结构后，发现网格线的数量不足以做出细节，这时就要为其加线，如图 6-38 所示，用连接的方法给鼻子部位加一圈线。

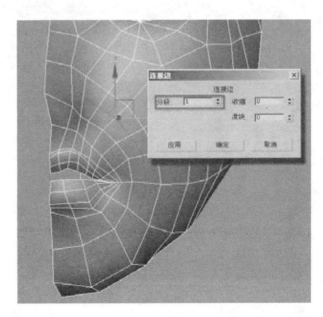

图 6 – 38

6.4 鼻翼的制作

将鼻翼位置的点进行调整，做成大体鼻翼的样子，发现形成鼻翼的线走向不是非常理想，将图 6 – 39 中所示的两个点连接，形成鼻翼和脸交界的转折线。

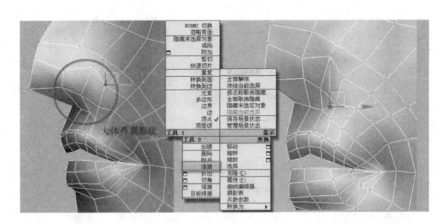

图 6 – 39

此时出现了一个三角面，将图中选中的线删除，然后延长构成口轮匝肌的线来处理五角面，这样亦可解决人中处网格线少的问题，如图 6 – 40 所示。

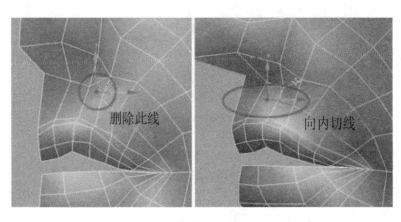

图 6 – 40

确定了鼻翼的布线后，点击"涡轮平滑"，发现鼻翼和面部的转折并不明显，立体感不强，如图 6 – 41 所示。

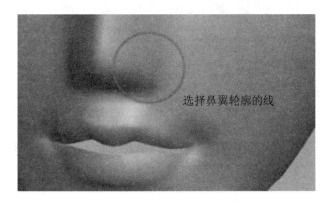

图 6 – 41

要想解决这个问题，需要在鼻翼的轮廓处进行切线。两条线段之间的距离越近，平滑时的转折也就越大。首先，选中鼻翼轮廓的线段点击"切角"，"切角量"可按照各个角色的特征进行设置，如图 6 – 42 所示。

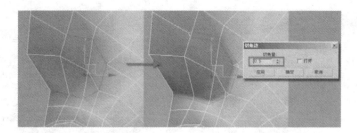

图 6 – 42

"切角"后出现的三角面可以按照前面所学的方法来处理，将图中标注的线塌陷成点，从而消除三角面，如图 6 – 43 所示。

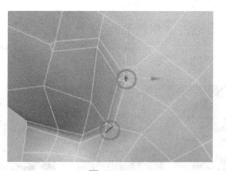

图 6 – 43

现在，我们观察细化后的效果，发现鼻翼处的转折变得非常清晰，而且立体感也很强，如图 6 – 44 所示。

图 6 – 44

调整好鼻翼后，接下来再对模型进行整体观察，发现人物的鼻子比较尖，既不符合结构，也不好看，如图 6 – 45 所示。

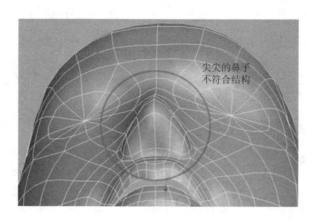

图 6－45

选中鼻梁处的一根横线，"环形"选择一排线，对此排线进行"连接"操作，这样就为鼻子增添了一条线，效果如图 6－46 所示。

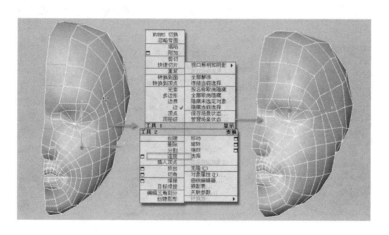

图 6－46

解决凹痕问题后，发现鼻头的线还是很混乱，需要稍作调整，使其符合结构，如图 6－47 所示。

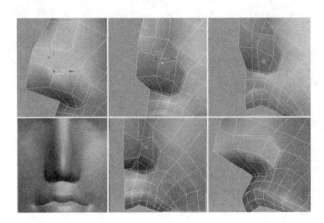

图 6 - 47

调整完毕后，再多角度观察模型，发现鼻梁过直，看不到应有的起伏和宽窄变化，并且鼻翼和鼻头处也不够饱满；"涡轮平滑"后的整个脸部看起来不是很光滑，有些线造成了脸部的轻微凹凸。使用"绘制工具"对模型进行修改，其效果如图 6 - 48 所示。

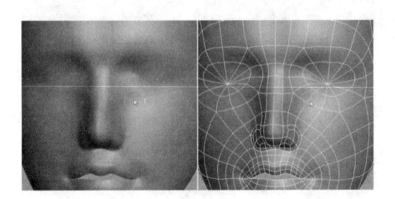

图 6 - 48

修整之后，再次观察布线，发现鼻子和眼睛之间的线较少，难以塑造出眼鼻之间清晰的过渡轮廓。这时，我们需要为眼轮匝肌进行"切角"，从而解决此问题。具体切角量可按照模型大小进行适当调整，如图 6 - 49 所示。

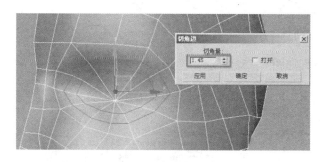

图 6 - 49

如图 6 - 50 所示，眼睛下方被选择的环线在脸部模型上的分布疏密不均，这时可以使用为鼻梁处加线的方法使得其布线均匀。这样，既能塑造出丰富的细节，又使得眼鼻之间的过渡更加平滑。

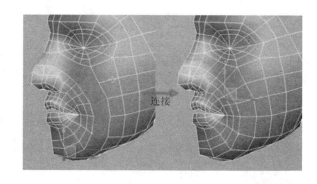

图 6 - 50

为模型赋予一个基本材质，调节一个自己喜爱的颜色和高光。当你再次观察模型时，是不是又产生了新的灵感？现在，使用"绘制工具"将模型的鼻骨修正，使脸部变得平滑，让模型朝着我们理想的状态去变化。修整后的最终效果如图 6 - 51 所示。

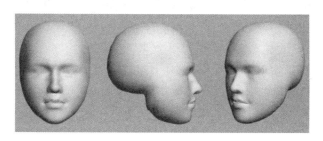

图 6 - 51

6.5　眼睛的制作

本小节制作流程如图 6 – 52 所示。

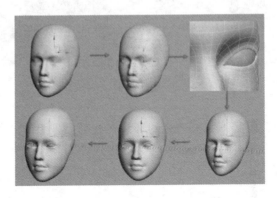

图 6 – 52

先做眼眶，稍微调整眼睛部位的线段，选中眼睛中心的点，使用"切角"命令，勾选"打开"，按自己的喜好设置"切角量"的数值，如图 6 – 53 所示。

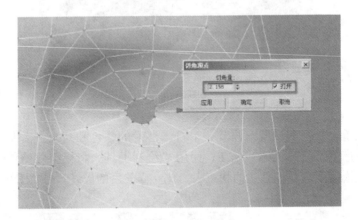

图 6 – 53

将切出的眼眶尽量缩小，选择多边形工具里面的"松弛"命令，取消保留边界点，将眼眶松弛扩大，"数量"和"迭代次数"随模型而定，点的分布平均合理即可，如图 6 – 54 所示。

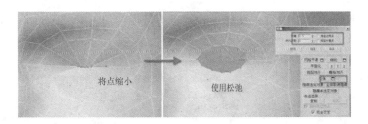

图6-54

继续调整眼眶的形状，大体形状如图6-55所示。

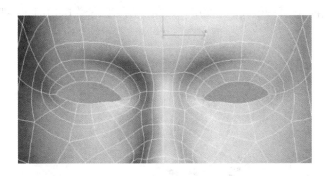

图6-55

想要更加准确地塑造出眼睛的形态，特别是眼睛的弧度，可以先给模型做一个眼球，以便于确定眼睛的大体形状。

使用"绘制"工具，让眼眶贴在眼球上面，保持眼眶的弧度，并且要留取一定的距离，以便于制作眼皮的厚度，如图6-56所示。

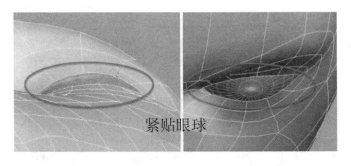

图6-56

观察模型发现，眼皮的细节不够，平滑后眼角比较圆，不符合眼部的结构。因此，

我们要为模型加线。分析模型，发现线的分布不是很均匀，继续进行调整，如图6-57和图6-58所示。

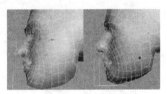

图6-57　　　　　　　　　　图6-58

现在两个眼角处只有一根线，先使用"切角"的方法来为眼角加线，如图6-59所示。

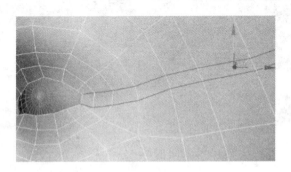

图6-59

分别选中眼角边缘上下两排线，"环形"选择单击"连接"，适当调整滑动值，调整量可视模型面部的整体感觉而定，如图6-60所示，将右侧画面中红线上方的那条线删除，完成外眼角的处理。

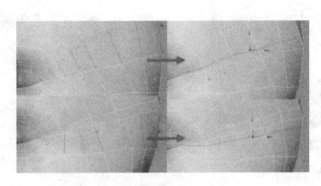

图6-60

内眼角也是如此，如图 6 – 61 所示，在完成两条线的添加后，将它们中间的红线删除，使重新分布后的线看上去更加均匀。

整体修整模型的形状，使模型更加符合心中所想。适当地在模型布线比较疏的地方加些线，使模型看起来更饱满圆润。为模型的额骨处多加两条线，就可以使模型在额骨的转折处体现出更多的细节，如图 6 – 62 所示。

 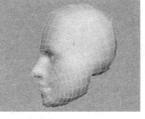

图 6 – 61   图 6 – 62

调整后的模型效果如图 6 – 63 所示。

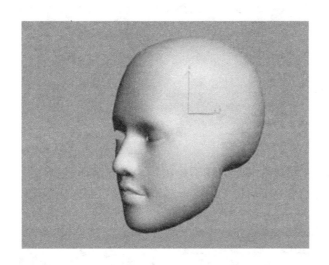

图 6 – 63

6.6　眼睛深入细节的制作

下面来为眼睛做细节，使眼睛的细节变化丰富起来。

要想做出眼袋和双眼皮等细节，眼眶内的线明显是不够的，需要为眼皮加线。"环形"选择眼皮的第一排线，单击"连接边"添加出一圈线，如图 6 – 64 所示。

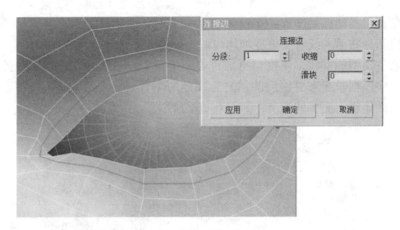

图 6 – 64

此时加的这根线不足以做出双眼皮，但可以做出微小的眼袋。用"绘制"工具调整模型，如图 6 – 65 所示。

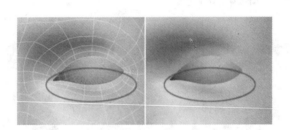

图 6 – 65

再次观察模型，发现内眼角的线不是很均匀，利用切线和移线的方法调整内眼角的布线，使内眼角的线分布均匀，以便于制作双眼皮，制作流程如图 6 – 66 所示。

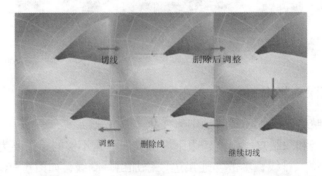

图 6 – 66

内眼角现在多出一根线，而角色的鼻翼也需要做出一定的弧度，因此可将这根线连接到鼻孔，如图6-67所示。

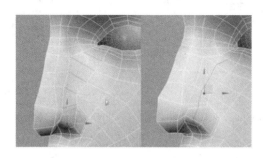

图6-67

连线完毕后，调整模型整体布线的疏密以及模型的大体结构，尽量使眼皮线段分布合理，这样既能准确地做出结构，又便于以后做动画，调整后的效果如图6-68所示。

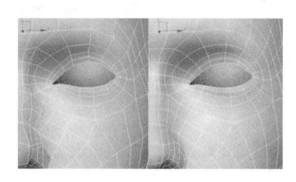

图6-68

开始做双眼皮的时候最好先做出眼皮的厚度。这样看起来更加有真实感。按图6-69中所标记黑线的位置切出一条线，以确保上眼皮做厚度时的转折处足够圆滑。

进入"可编辑多边形"的"边界"级别，选择眼眶内的边界线，在视图坐标轴下按住"Shift"键向内拖动，拖动到合适的位置后再缩小，使眼睛的厚度能被清楚地看到，如图6-69所示。

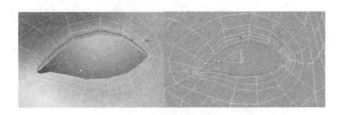

图 6 - 69

选中属于内眼角的边界线，适当地靠向鼻骨所在的位置并放大，如图 6 - 70 所示。

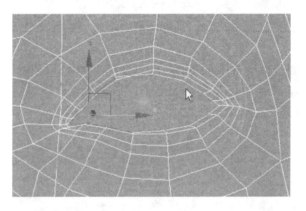

图 6 - 70

接下来使用"绘制"工具对眼皮的厚度进行修整。将上眼皮转折的"倒角"调整得更明显些，再将外眼角的上下眼皮向外展开，这样会使眼睛看起来比较有神，最终的调整效果如图 6 - 71 所示。

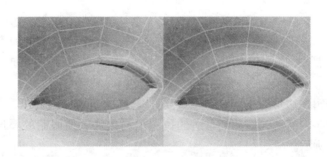

图 6 - 71

观察模型我们发现，美女上眼皮的线还不够做出双眼皮，只能再加线。有了足够

的线条，才能产生褶皱，考虑加线的位置后，按照图 6 - 72 中所标示黑线的位置切出
一条线。

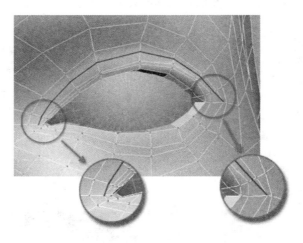

图 6 - 72

选中图中红色的线并向内移动，幅度不用太大，只要调整出适合模型的双眼皮形
状即可，如图 6 - 73 所示。

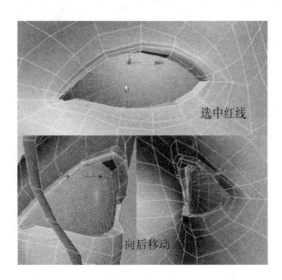

图 6 - 73

完成此步操作之后，双眼皮的形状还不够完美，因此，还需要做进一步的调整。

调整前后的效果如图6－74所示。

　　调整完毕之后，就要开始处理加线时产生的三角面了。运用前面所讲的知识可以很简单地将三角面处理掉，外眼角的处理如图6－75所示。

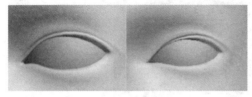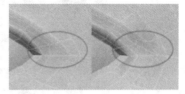

图6－74　　　　　　　　　　　图6－75

内眼角的处理如图6－76所示。

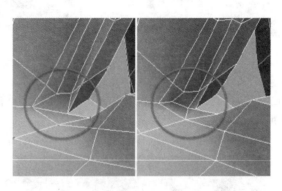

图6－76

调整后的最终效果如图6－77所示。

图6－77

6.7　鼻子深入细节的制作

　　一个与脸形配合得天衣无缝的可爱鼻子，可以塑造出别样的美丽。在这个虚拟的世界里面我们是万物的主宰。因此我们要让自己的角色也拥有一个完美的鼻子，而之前那个没有处理细节的鼻子大形远远不能满足我们的要求。回忆前面我们学过的鼻形结构，然后开始为我们的角色完善鼻子。此小节制作流程如图6-78所示。

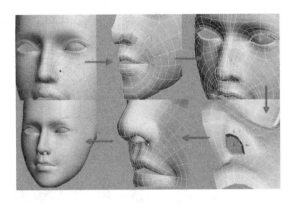

图6-78

　　利用"切线"工具沿图中黄线所示切线，将上次制作大形时留下的五边面处理掉，这样就会在鼻头和鼻翼之间产生一个五角星来为鼻翼的形状进行分流，如图6-79所示。

　　将切出的线继续按图中黄线所示切线，在去掉下方五边面的同时为鼻子加线，如图6-80所示。

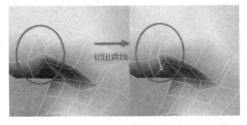

图6-79

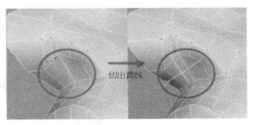

图6-80

　　略微调整鼻头上线的分布，选择鼻翼上的一条线，然后"环形"选择，最后"连接"，如图6-81所示。

　　选择鼻翼上新加的线，向外移动并略微将其放大，做出一个圆润的鼻翼，效果如图6-82所示。

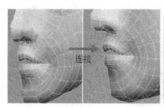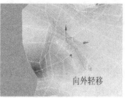

图 6 – 81　　　　　　图 6 – 82

单击"环形"并选择鼻梁上的一排线，取消鼻头之后的选择，然后单击"连接"，如图 6 – 83 所示。

选中鼻头上新加的线，并将选中的线向外移动，让鼻头看起来更加圆润，类似于一个球形，如图 6 – 84 所示。

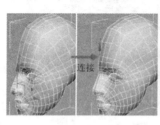

图 6 – 83　　　　　　图 6 – 84

"涡轮平滑"操作后，仔细观察鼻形，发现鼻子还是比较尖，可以使用"绘制"工具来塑造我们心目中的完美鼻子。绘制前后的对比效果如图 6 – 85 所示。

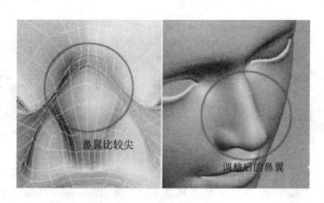

图 6 – 85

调整鼻子到嘴唇的布线，如图 6 – 86 所示。

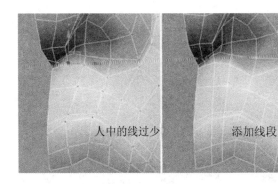

图 6 - 86

调整完此处线的疏密关系后发现鼻孔处的纵线远远多于嘴唇处的线，如果把鼻孔的线往下引的话，就会造成嘴唇的线过多。因此，最好的处理方法就是通过减线来调整鼻子与嘴唇处的布线，如图 6 - 87 所示。

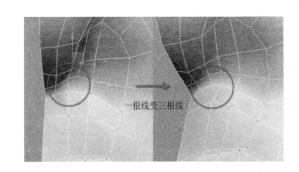

图 6 - 87

调整后，鼻孔的外形和位置就非常明显了。选中鼻孔位置的四个面向内挤出，然后略微缩小，做出鼻翼的厚度，如图 6 - 88 所示。

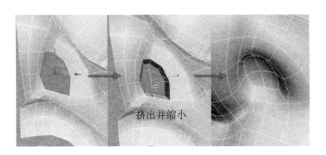

图 6 - 88

继续将鼻孔的四个面向内"挤出"并缩小，调整位置，不要让这四个面穿透鼻翼，最后再次向内"挤出"一次，增加鼻孔的段数，如图 6-89 所示。

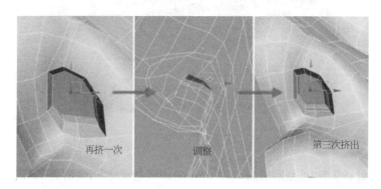

再挤一次　　　　　调整　　　　　第三次挤出

图 6-89

调整鼻子与其周围的形态，特别是嘴唇和鼻子的关系，调整时可以按照自己的审美标准去调整。最终调整的效果如图 6-90 所示。

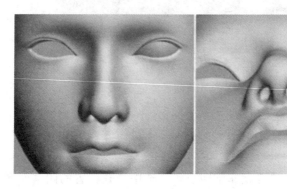

图 6-90

6.8　嘴唇深入细节的制作

观察之前做好的嘴唇形态，如图 6-91 所示，角色的嘴唇基本没有厚度，真实的嘴唇应该是有一定厚度的，并且下嘴唇的厚度应该比上嘴唇的厚些。下面就为嘴唇增加一些厚度，让它看起来更具真实感。

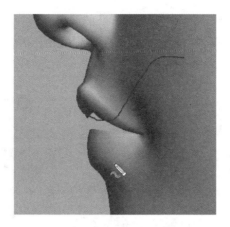

图 6 - 91

选中嘴部内侧的边界，如图 6 - 92 所示，按住键盘上的"Shift"键，将这圈线沿 y 轴方向向嘴内侧拖动，这样就复制出了一条新的线条，从而产生新的面。

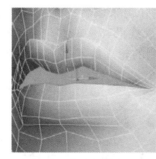

图 6 - 92

使用"缩放"工具，先整体缩小，然后沿 y 轴方向拖动并缩小，做出一个略带弧度的面，如图 6 - 93 所示。

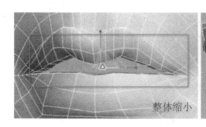

图 6 - 93

调节了嘴唇内轮廓的线条后，发现嘴角处的线条变成了一条直线，此时需要对内侧嘴角处的点进行调整，使其与外侧嘴角的弯曲程度相匹配，使其有向下倾斜的感觉，如图 6 – 94 所示。

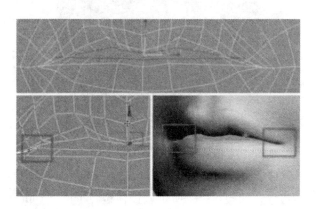

图 6 – 94

调节嘴唇的内部结构。将嘴唇的厚度制作出来以后，继续调节嘴唇内部的线条。按住键盘上的"Shift"键，将嘴唇内侧的轮廓线沿其 y 轴方向拖动，继续复制出一个新的面，然后使用"缩放"工具将嘴唇内侧的轮廓线沿其 y 轴方向进行压缩，如图 6 – 95 所示。

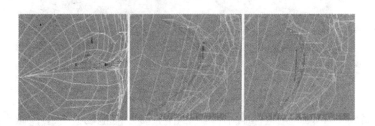

图 6 – 95

在"软选择"卷展栏中勾选"使用软选择"功能，适当调节"边距离"数值，沿 z 轴方向对位于上下嘴唇中间的点进行调节，选择下嘴唇中间的区域向上拖动，将上嘴唇的中间区域向下拖动，使嘴唇中部略微拱起，这样可以让嘴唇看起来更加饱满，如图 6 – 96 所示。

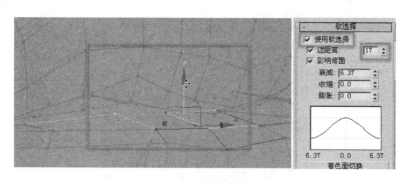

图 6－96

在保持"使用软选择"开启的状态下，对嘴唇内侧的边进行适当调节，使嘴唇内侧的线条分布均匀，并适当调节点的分布。接着使用与之前相同的方法，选中嘴内侧的轮廓边，按住键盘上的"Shift"键，沿其 y 轴方向向嘴内侧拖动，复制出新的面，作为口腔内部的结构。为了让此处的面更符合口腔内部的曲线，需要对其位置继续进行调整，如图 6－97 所示。

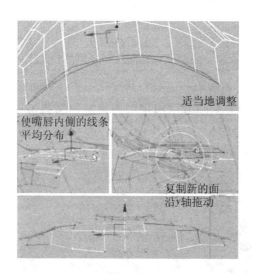

图 6－97

选择口腔内侧的边进行放大，使其成为口腔内侧结构，但是此处用"缩放"工具是不能放大这条边的，所以需要做一些特殊的处理。选中嘴部内侧边界线，进行"平面化"处理，然后添加"球形化"修改器，适当调节"百分比"数值，使边界线与口腔内的曲线近似，添加"松弛"修改器，使边界线上的点分布得均匀一些，如图 6－98 所示。

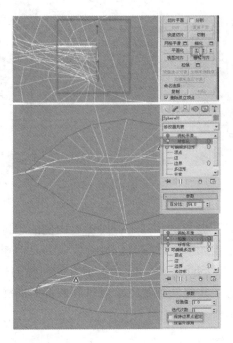

图 6 - 98

将"松弛"和"球形化"两个修改器塌陷掉，再次启用"使用软选择"功能，选中口腔内的边界线，使用"缩放"工具将其拉宽一些。下面继续制作口腔的内部结构，按住键盘上的"Shift"键，将边界线向口腔内拖动，复制出新的面，将边界线适当放大并调整其位置，如图 6 - 99 所示。

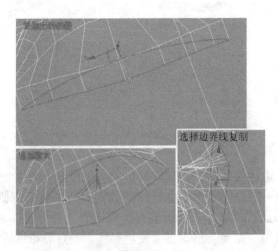

图 6 - 99

经过观察发现在与口腔内边界线临近的一圈边上面布线不均匀，需要对其进行调整。选中这圈边上的点，通过使用"松弛"工具使其布线均匀，之后再将两端的点向外扩展一些，如图6—100所示。

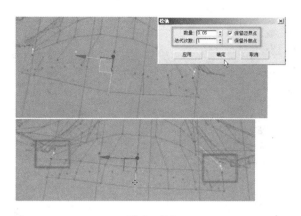

图 6 – 100

至此，口腔内侧的结构就基本制作完成了。下面对嘴唇的外形进行细微调整。

经过观察以后可以看出，上嘴唇的转角处过于锐利，这时可以使用"推/拉"工具，沿 y 轴方向进行调整，使得点与点之间有一定的弧度，这样嘴唇圆润的感觉就可以表现出来了（只需对嘴部右侧进行调节），如图 6 – 101 所示。

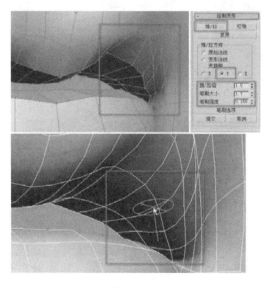

图 6 – 101

在"可编辑多边形"层级下，删除头部的左半边，然后为其添加"对称"修改器，在"对称"修改器的"参数"卷展栏下选择"镜像轴"为"z"轴，并勾选"翻转"选项，复制出头的左半部分，如图6 – 102所示。

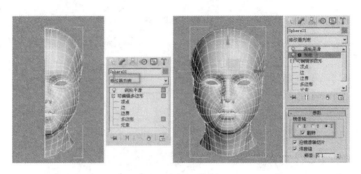

图6 – 102

最后使用"推/拉"工具对模型进行一些局部调整，例如嘴唇下方凹下去的轮廓还可以更清晰一些；人中处的嘴唇过于锐利了，可使用"松弛"工具为其圆滑一下；嘴唇的宽度稍大，可将其调小，最终调整的效果如图6 – 103所示。

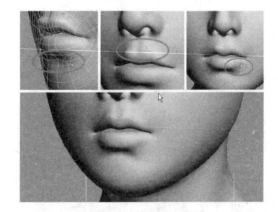

图6 – 103

至此，嘴唇的细节制作就全部完成了。

6.9 脖子的制作

鹅颈般修长美丽的脖形既能凸显整个人的线条，又能强调面部的特点。本小节制作流程如图6 – 104所示。

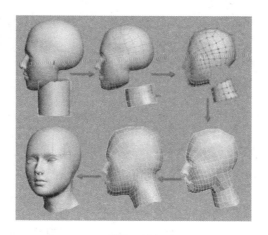

图 6 – 104

因为脖子的形状类似于圆柱体，首先在顶视图中建立一个"圆柱体"，大小合适即可，并将其置于世界坐标轴的中心位置（因为头部模型的制作也是在"世界坐标轴"中心进行的），如图 6 – 105 所示。

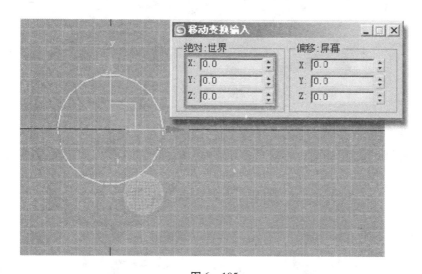

图 6 – 105

调整好"圆柱体"的"参数"值，使其与头部的比例相匹配。线的分布疏密和头部模型大致相符，但一定要有一条能够将模型一分为二的中线，这样就能对称。将"边数"值设为 16，基本满足要求，然后将圆柱体的上下两个面删除，如图 6 – 106 所示。

图 6 – 106

按照前文所讲的方法，调整出脖子的大体形状，调整时注意脖子和肌肉的结构。可以按照自己的审美标准及想法来制作。调整的时候不要移动脖子左右的位移，以免对称出现问题。注意胸锁乳突肌和斜方肌的位置，调整后的效果如图 6 – 107 所示。

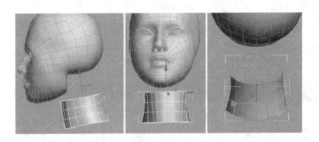

图 6 – 107

将头部模型修改器面板中的对称修改器塌陷到"可编辑多边形"，同前面所讲的一样，不能将涡轮平滑也塌陷，那样将会导致模型的线增加 4 倍，如图 6 – 108 所示。

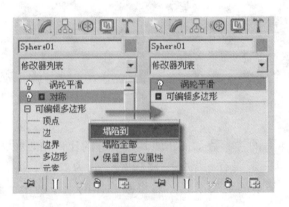

图 6 – 108

塌陷后将头颅和脖子连接到一起，调整并选中头部下方脖子位置的面，然后将其删除，再使用附加工具将二者附加在一起，使其成为一个物体。此时下颚的形状不太理想，脖子的弧度与头部相接处也不匹配。进一步调整，为脖子与头部的完美连接做好准备，如图 6－109 所示。

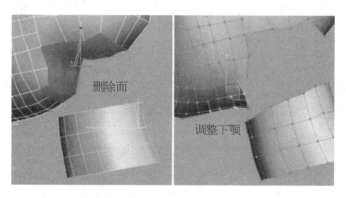

图 6－109

进入"可编辑多边形"对象的"边界"级别，选择需要相接的两条边界，执行"桥"命令，将"分段"数设置为 2，把两者连接起来，如图 6－110 所示。

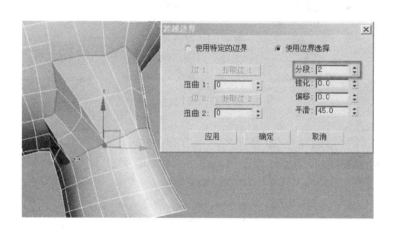

图 6－110

将模型的左边删除，只需要对模型的一半进行编辑。此时桥接面上的线显得比较混乱，不符合肌肉的走向，需要对其进行适当调整。将不规整、不合理的线重新制作成规整且符合要求的线。先将图 6－111 所示的黄线塌陷，并清理尖锐的三角面。

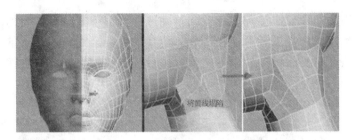

图 6 – 111

下颚处的转折十分混乱，暂时不要去处理。应先把需要的线切出来，再把不需要的线删掉，最后重新将线合理地安上去，如图 6 – 112 所示。

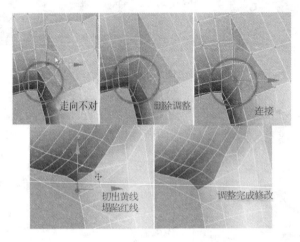

图 6 – 112

胸锁乳突肌结构的走向也不合理。把不合理的线全部删除掉，破而后立，在一个没有线的地方重新画线反而要比修改简单得多，稍作调整，如图 6 – 113 所示。

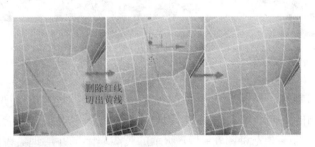

图 6 – 113

线的布局变得越来越明朗，很多时候我们会发现，按照布线规律布出的线很容易将线均匀地分布在模型上，调整后的效果如图 6 - 114 所示。

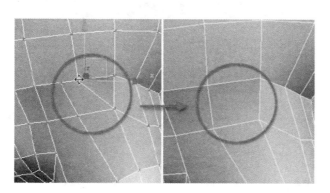

图 6 - 114

将构成枕骨的两根线之间的距离调近，从而做出枕骨的转角。枕骨强调完之后，模型有几处线比较稀疏，使用前面的方法，可以很容易地完成布线，如图 6 - 115 所示。

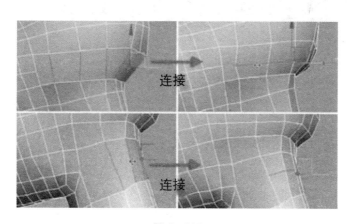

连接

连接

图 6 - 115

经过观察后发现，脖子上有一条纵向线未能延长至头部，而头部的纵向线又显得较为稀疏，调整好线的位置后，为头部加一条纵向线，这样就同时解决了布线和塑形这两个问题，如图 6 - 116 所示。

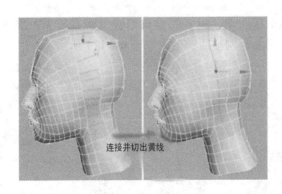

连接并切出黄线

图 6 – 116

　　侧面的线已经调整完毕，多角度观察模型，发现模型后面的线也需要调整，重新设置线的疏密关系，调整完毕后效果如图 6 – 117 所示。

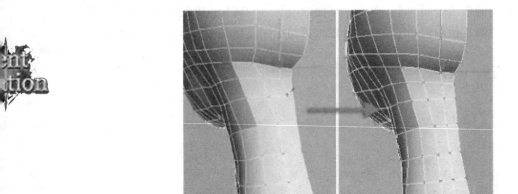

图 6 – 117

　　再次整体观察模型，发现脖子有些长。虽然修长的脖子很漂亮，但是过长的脖子会失真，更会影响到对模型整体比例的把握，因此要适当将其缩短。选择脖子最下方的一圈删除，如图 6 – 118 所示。

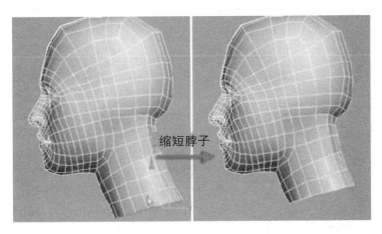

缩短脖子

图 6 – 118

简单调整之后，可以通过给脖子加线来深入刻画细节。使用之前所讲的方法为需要加线的部位加线（先将线连接，再删除多余的线）。利用前面学习的先连接再删除的方法平均地加上两根线，如图 6 – 119 所示。

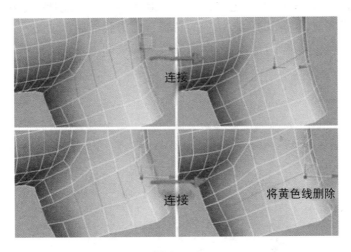

连接

连接   将黄色线删除

图 6 – 119

加线完成后，可以使用"绘制变形"工具进一步雕刻制作。制作时发现胸锁乳突肌的形状很难被雕刻出来。问题在于，模型脖子的线的走向与胸锁乳突肌的走向不符，这时需要用"一变三"的方法为其加线，从而更准确地塑造出胸锁乳突肌的形状，如图 6 – 120 所示。

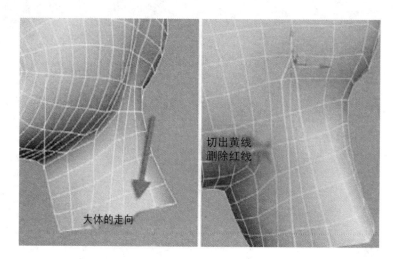

图 6 – 120

随着模型拓扑结构的完善，造型的完善也会随之而来，使用"绘制变形"工具来修改模型。

造型可以按照自己角色的设定进行制作。但是在绘制一些骨点的位置和一些结构的所在时，要遵守前面学习的人体结构的特征，因为我们制作的是人类，所以一些特征是凸显模型生命化的标志，美就是在这些特征的基础上体现出来的。绘制好的最终效果如图 6 – 121 所示。

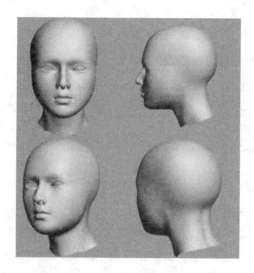

图 6 – 121

6.10 耳朵的制作

本小节大体制作流程如图 6 – 122 所示。

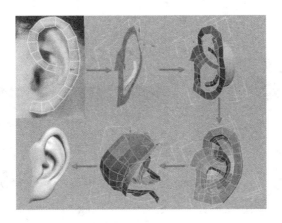

图 6 – 122

在右视图背景中导入配套光盘中提供的一张耳朵的图片，"视口背景"设置如图
6 – 123 所示，图片可以跟着视图的缩放平移而动。

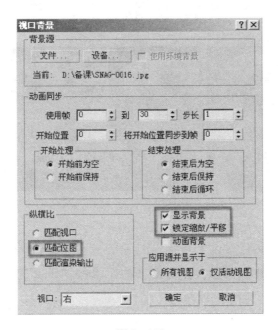

图 6 – 123

在右视图参考图片上创建一个"平面"，调整位置和大小，如图 6 – 124 所示，将平面转换为"可编辑多边形"，以便于操作。

进入" 可编辑多边形"的"边"子级别，选择平面的边，使用"Shift"键 + "移动"命令将面沿着耳轮的位置延伸，拖曳时要随时调整边的方向和大小，使得整个弧度和耳朵的结构相符，如图 6 – 125 所示。

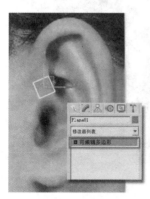
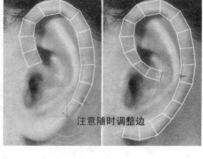

注意随时调整边

图 6 – 124　　　　　　　　图 6 – 125

使用同样的方法做出对耳轮。对耳轮是微微突起的，制作时可以在对耳轮中间切出一根线，略微调整其布线，如图 6 – 126 所示。

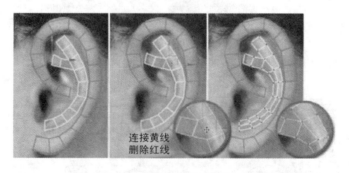

连接黄线
删除红线

图 6 – 126

这个"9"字形状的耳轮和"y"字形状的对耳轮就做好了，只剩下耳屏没有做。在耳轮处合适的线上进行切角，在切出来的面上按"Shift"键拉挤出耳屏，如图 6 – 127所示。

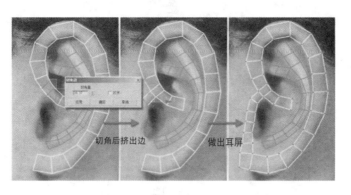

切角后挤出边   做出耳屏

图 6 – 127

这里还要考虑到耳朵和头部的相接问题。如果耳朵向鬓角连接的横线过多，脸部的线将不够用于连接。要解决这个问题，可以用"三变一"的方法减少耳部的线，如图 6 – 128 所示。

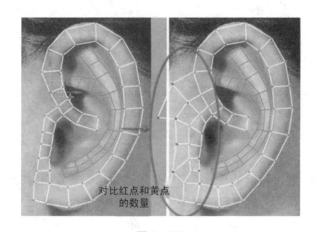

对比红点和黄点
的数量

图 6 – 128

耳朵轮廓的主线已经描完了。去掉背景，发现耳朵在透视图里还只是一个片。接下来需要做出它的三维结构。使用"软选择"配合"移动"、"旋转"等命令将耳轮和对耳轮在空间错位穿插。最后将二者附加到一起。

耳朵的后方是用耳壳连接到头部的，下面就来为耳朵制作一个耳壳。

在右视图中建立一个"圆柱体"，大小合适即可，"高度分段"设置为 5，"端面分段"设置为 1，"变数"设置为 18（此数值供读者参考使用，参数可根据所制作模型的实际需要进行调整）。将新创建的"圆柱体"再稍微纵向拖长一些，使其更加符合耳壳的结构，如图 6 – 129 所示。

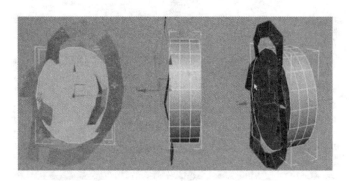

图 6 – 129

将圆柱体转换为"可编辑多边形"，删除两边的面和靠近脸部的一部分面，使其大小和耳壳近似，以便进行下一步的调节，如图 6 – 130 所示。

删除两边　　　靠近脸部　　　大体外形

图 6 – 130

耳壳的大体外形有了，但是其形状和耳壳还差很远，要按照耳壳的结构进行修整调节。注意：耳壳是人体的一部分，而人体规则的部分并不多，一定要把它调节得自然才会显得真实。把耳壳附加到耳轮，利用多边形等操作工具进行调整，如图 6 – 131 所示。

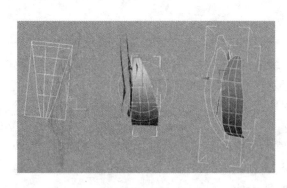

图 6 – 131

耳壳完成以后，我们就应该把耳轮等缺少的面补上。

首先来完善耳轮。将选择的红线作为耳轮面的外侧线，按住"Shift"键，配合"移动"命令向外"挤出"面，并且适当"放大"，再次"挤出"并"缩小"。此时耳轮已经有了一定的厚度，但是肉感还不够，适当调整，挤出耳轮的粗细疏密关系，使其富有肉感，如图6-132所示。

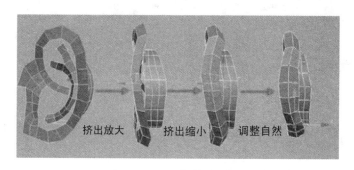

挤出放大　　　挤出缩小　　　调整自然

图6-132

选择耳轮内侧的边界线，使用同样的方法向内拉出并适当缩小，适当调节其位置，以便制作出耳舟，如图6-133所示。

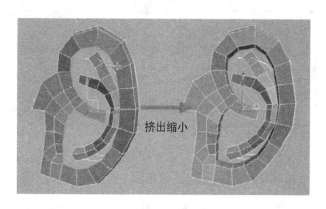

挤出缩小

图6-133

现在开始为耳朵补洞。选择对耳轮在耳舟方向上的线，再选择耳轮与之相对应的线，使用"桥"命令连接这两条线，如图6-134所示。

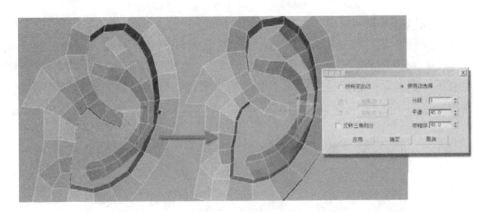

图 6 – 134

最后，"桥接"剩下空白区域中最近地方的线，如图 6 – 135 所示。

图 6 – 135

使用"桥接"、"封口"、"切线"等命令补上没有的面并调整线的分布。封口之后的面上没有线，使用"切线"命令在面上切出同模型布线相同的线。切线完成之后，要随时调整切线后所产生的点的位置，使其符合耳部结构，如图 6 – 136 所示。

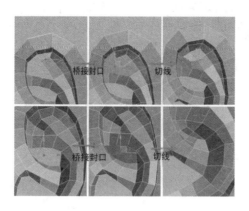

图 6 – 136

将剩下的无面部分使用同样的方法补上，利用"切线"命令调整结构，并调整封口部分的拓扑，如图 6 – 137 所示。

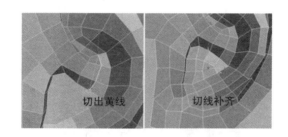

图 6 – 137

切线后产生的三角面先不需要进行处理，对耳朵进行整体的观察，发现耳舟结构不是很好。耳轮到耳舟的转折是向内凹的，而且有绕进里面去的感觉。现有的耳舟显然没有这个弧度，所以需要在耳舟的位置上加一条线，同时也需要解决刚才的三角面，如图 6 – 138 所示。

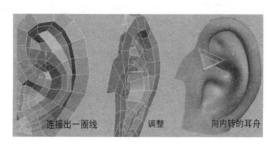

图 6 – 138

为模型添加"涡轮平滑"修改器之后，就可以进行简单的雕刻了。之后再将耳垂缺少的面补上，如图 6 - 139 所示。

图 6 - 139

耳朵的耳洞还不够深，并有一个五边面。在模型上加一排线，如图 6 - 140 所示。这样，不仅能有足够的线把模型制作到位，还能处理掉加耳舟时所产生的五边面。

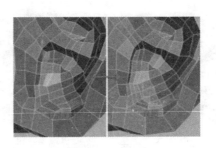

图 6 - 140

此时就可以使用"绘制变形"工具对耳朵进行更细致的刻画了。注意耳朵整体的结构，耳垂可以更加厚实，有肉感；侧面的耳轮要做得有宽有窄，富有变化，效果如图 6 - 141 所示。

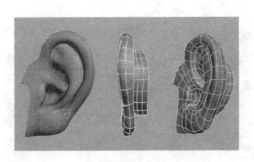

图 6 - 141

选中两条要连到一起的线，使用"桥接"命令将"分段"数值设置为 2，使桥接出来的面有足够的段数来制作耳轮的一些细节，以便于调整，如图 6 – 142 所示。

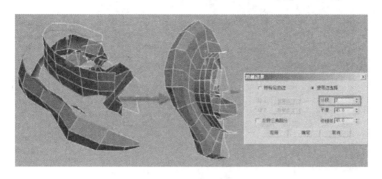

图 6 – 142

将"桥接"中间处的一圈线选中并向耳壳方向拖动，使得耳轮的立体感更加明显。观察耳壳，发现耳壳纵向的线有些密，可以去掉一根，然后选中耳壳最内部的一排线进行塌陷，如图 6 – 143 所示。

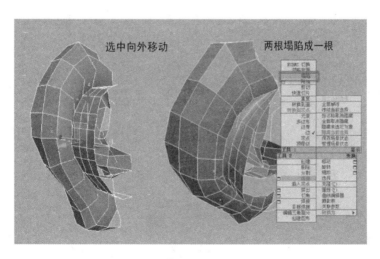

图 6 – 143

简单调整后观察，从纵向上看，耳壳非常平，要增加一定的弧度才能给人一种富有弹性的感觉。选择耳壳纵向上中间的线，加一个"推力"修改器，沿黄线方向向外括一下，然后塌陷到"可编辑多边形"，如图 6 – 144 所示。

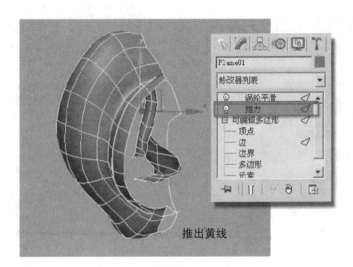

推出黄线

图 6 – 144

耳壳的下方和耳垂之间没有衔接，需要先把缺少的面制作出来，然后将两者相连接。连接它们的同时也衔接了耳垂与下颌骨，如图 6 – 145 所示。

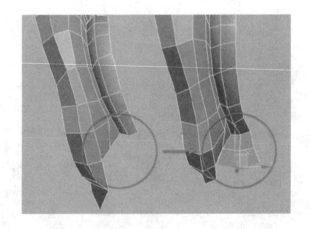

图 6 – 145

从各个角度进行观察。在耳轮与耳壳的衔接处有一个三角面。此面的一条边所对应的环形线恰好是对耳轮所在的位置，而对耳轮此时的线比较稀疏，可以考虑为其加上一条线，这样就两全其美地解决了问题，如图 6 – 146 所示。

连接可在对耳轮上加线

图 6 – 146

此时耳朵模型基本完成了，可以进入修形的阶段。使用多边形的"绘制变形"工具来施展神奇的整形大法。调完后可以为耳朵换上一个 3ds Max 默认材质，最终的调整效果如图 6 – 147 所示。

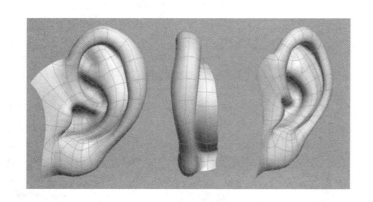

图 6 – 147

6.11　耳朵与头部的缝合技巧

耳朵制作的形状是否恰到好处，要与头部结合后才知道。只有耳朵与头部的比例恰当才能为角色增添姿色。不但比例十分重要，缝合的位置和衔接处的结构也不能马虎。缝合的方法不能拘泥于一种，使用多边形减线的方法，能把耳朵和头部相连接就可以了。我们学的是方法，而不是形式，不是处理具体情况的，而是处理同类情况的。本小节制作流程如图 6 – 148 所示。

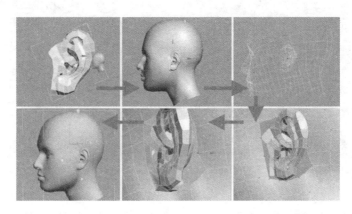

图 6 – 148

在制作头部的文件中导入新做好的耳朵，参数选择默认，弹出"重复材质名称"的对话框时，可选择"使用合并材质"选项，如图 6 – 149 所示。

图 6 – 149

耳朵的位置确定以后，就可以准备将其与面部缝合了。耳朵缝合处的横线要明显密于咬肌处的横线，缝合时要大量地用到"三变一"的操作方法。

首先将耳朵附加到头部，使二者变成一个多边形物体。在右视图选择咬肌上后方和耳朵重叠的面，并将其删除，为衔接耳朵留出足够的空间，如图 6 – 150 所示。

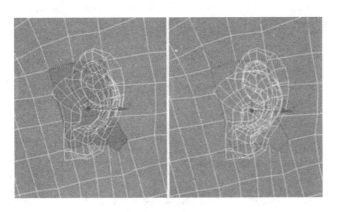

图 6 - 150

调整头部及耳朵边界处的外形，使二者不互相穿插，且预留些空间。之后就可着手进行缝合了，可以一边缝合一边不断地调整线的布局。可以先找一些共同处以及一些长短比较接近的线进行桥接，如图 6 - 151 所示。

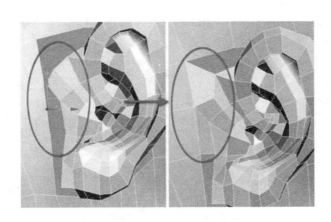

图 6 - 151

往耳垂的方向看，发现头部在此处的线过少了，使得耳朵的缝合有些困难。综合观察整个模型，发现下巴位置的线分布相对稀疏，因此可以考虑在此处加一圈线，既能给下巴做出更多的细节，又能满足头部与耳朵衔接用的线，如图 6 - 152 所示。

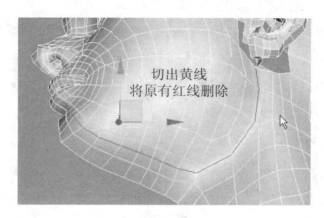

图 6 – 152

选择耳垂前边的边界线进行"封口"，再使用"切线"工具在封口处切割，最后完善耳朵与咬肌走线的连贯性，如图 6 – 153 所示。

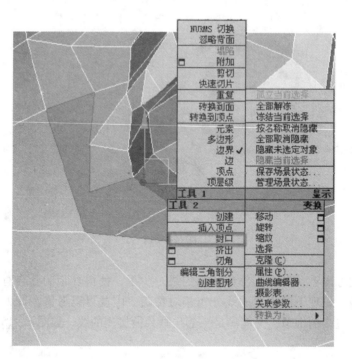

图 6 – 153

"封口"之后，使用"切线"工具进行操作。此时如果思路不是很清晰，就会越切越乱。这个时候不如直接将乱线全部移除干净，使面变得干净清晰。很多时候从零开始比修来改去要快得多，因为这样做有助于整理混乱的思绪，让自己可以换一种方式去思考问题，如图6－154所示。

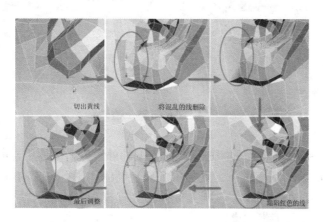

图6－154

将耳朵后面耳壳的边界同样进行"封口"操作，封口后发现耳朵的线很多，头部的线很少。不用担心，简单地"三变一"就能将大部分的线调整好，如图6－155所示。

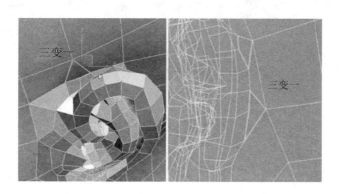

图6－155

最后剩下耳壳下方的一个面，如图6－156所示，用"剪切"工具切割出红线，并将原有（标注黄色）的线删除，此处的面就全部变成四边面了。

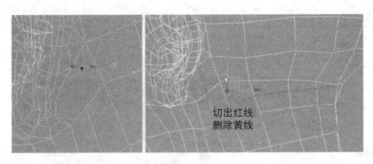

切出红线
删除黄线

图 6 – 156

　　布线的完成并不代表模型的完成，此时模型的外形可能离你想要的样子还差很远。没关系，多边形的"绘制变形"工具提供了对后期制作进行完善的方法。它是对大量点进行统一操作的工具，可以像雕刻刀一样去处理模型。使用它就可以随心所欲地修整角色的容貌，做出你憧憬的模样。

　　绘制的最终效果如图 6 – 157 所示，至此，头部的制作全部完成。

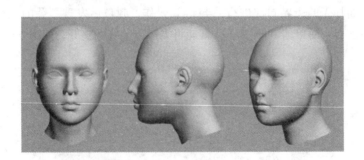

图 6 – 157

7 面片法制作头发详细讲解

发型的设计与制作对于人物角色的时尚美观性来说尤为重要，这与现实世界人们对于发型的重视程度是相同的。在本章中，我们即将作为一个发型设计师来为这位女性角色设计一款时尚靓丽的卷发效果，如图 7 - 1 所示。

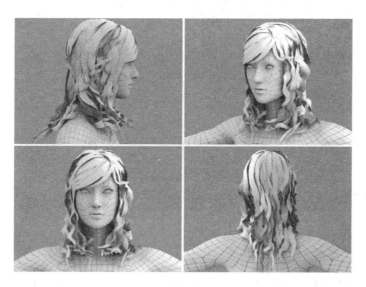

图 7 - 1

制作头发可以采用面片制作法，也可以用 3ds Max 内置的毛发系统。在本章中我们采用了面片法来制作头发，关于如何使用 Hair and Fur 毛发系统来创建头发，请参见本套教材的质感篇相关章节。

本章制作流程如图 7 - 2 所示。

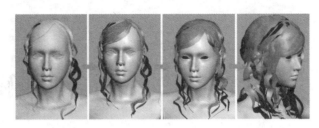

图 7 - 2

在顶视图中创建一根螺旋线，并根据设计的弯曲程度调节其参数，可以通过将其转化为"可编辑多边形"来对螺旋线进行更细致的调节。调节完毕后，再创建一个长条形的平面，适当增加它的高度分段，然后通过"路径变形绑定（WSM）"修改器将平面绑定在螺旋线上，如图 7 - 3 所示。

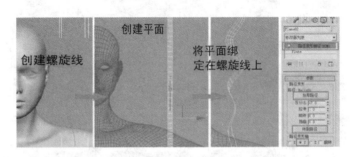

图 7 - 3

7.1　绑定卷发

在顶视图中创建一根"样条线"，将其作为人物发型的路径，其位置由头部到肩部，将视口切换为侧视图，进一步调节其位置，如图 7 - 4 所示。

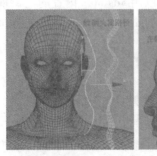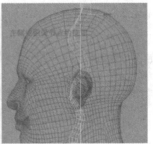

图 7 - 4

为了方便后续的贴图工作，首先将之前绑定在螺旋线上的平面进行"UVW 展开"，在修改器堆栈中加入"UVW 展开"修改器，然后进入编辑面板，对头发的 UV 进行"缩放"处理，如图 7 – 5 所示。

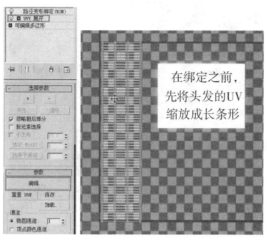

图 7 – 5

由于"路径变形绑定"修改器不能"塌陷"到"可编辑多边形"中，因此需要使用"快照"工具将其"复制"出一个平面。调整好新复制出平面的坐标轴，点击"层次"面板中的"轴"按钮，然后选择"仅影响轴"，并点击"居中到对象"，如图 7 – 6 所示。

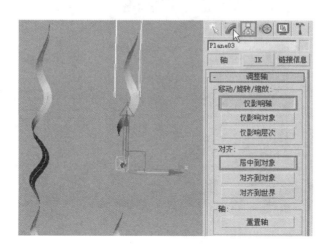

图 7 – 6

将复制出的平面通过"路径变形绑定（WSM）"修改器绑定到作为人物发型路径的样条线上。通过调节样条线上的点和 Bezier 杆修改头发的位置，如图 7-7 所示。

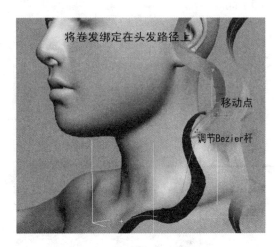

图 7-7

    调节出自己满意的形状后，可以使用"快照"的方法将这根头发复制出来，从而使它脱离绑定的路径。快照后会发现，复制出来的头发并不在原来的位置上，如图 7-8 所示。

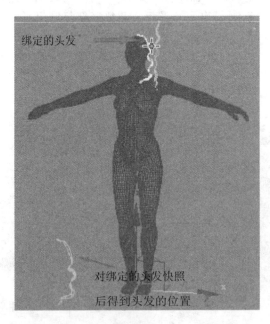

图 7-8

其原因是曾使用过"路径变形绑定（WSM）"修改器。如果想要复制出的平面仍在原来的位置上，可以在快照之前对将要复制的平面使用"工具"面板下的"重置变换"命令，或者采用导出 OBJ 文件再导入的方法进行复制。这里笔者推荐使用前一种方法，如图 7－9 所示。

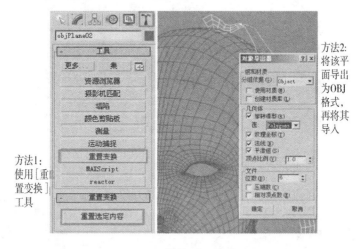

图 7－9

7.2　制作卷发

复制完成后，就可以把原来那根样条线移动到其他的位置来进行下一根头发的制作。移动路径时，被绑定在上面的平面也会跟着移动，只要将其删除即可，如图 7－10 所示。

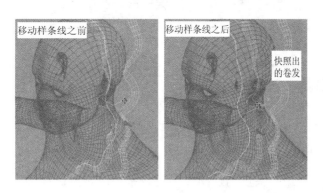

图 7－10

通过"快照"工具将最初制作的那条卷发进行复制，将复制出的卷发路径绑定到之前移动到新位置的路径上，并加以调整，如图 7 – 11 所示。

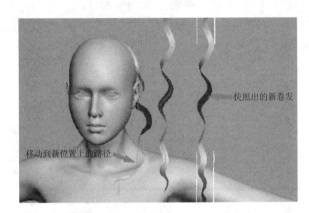

快照出的新卷发

移动到新位置上的路径

图 7 – 11

使用同样的方法制作其余的几根头发，如图 7 – 12 所示。

复制出一条
新的螺旋线
进行修改

图 7 – 12

7.3　制作刘海

制作刘海同样使用在头皮创建路径后再将平面绑定到路径的方法。所不同的是，刘海部分的头发是包裹住头皮的，所以在这里创建路径时需要用到"三维捕捉"工具，捕捉头皮上的顶点和面，如图 7 – 13 所示。

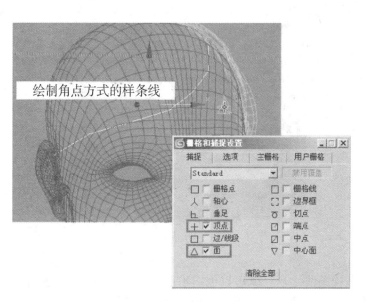

图 7 – 13

为了方便路径的绘制，可以先绘制出角点方式的样条线，再把样条线上的所有顶点转化成"平滑"或者"Bezier"的形式，如图 7 – 14 和图 7 – 15 所示。

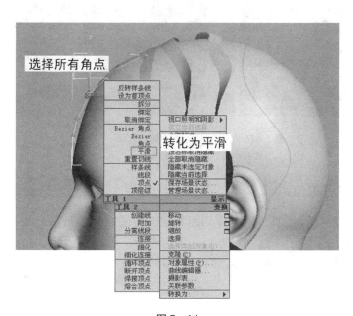

图 7 – 14

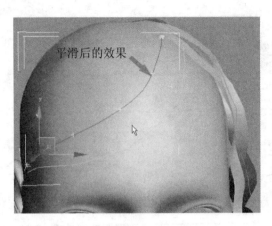

图 7 – 15

绘制了几条样条线之后，就可以创建平面，并将其一一绑定到路径上，不要忘了在绑定之前先处理它们的 UV，如图 7 – 16 和图 7 – 17 所示。

图 7 – 16   图 7 – 17

7.4 制作后脑勺

使用"三维捕捉"工具，用制作侧面卷发的方法制作脑后的卷发，在制作过程中为了避免重复而枯燥的工作，可以先制作半边卷发，另外半边用"对称"的方法复制过来，再对它进行一定程度的修整，如图 7 – 18 所示。

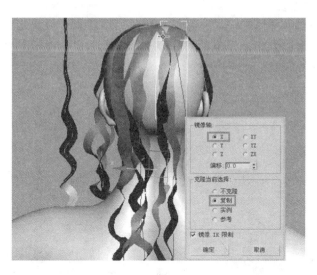

图 7 – 18

7.5   制作顶发

为了避免角色出现秃顶的尴尬情况，还需要用制作刘海的方法在头皮上包裹一层头发。

用"三维捕捉"工具创建路径，再创建出足够多的平面，然后将其绑定在先前创建出的路径上，将头皮整个包裹一层就可以了，如图 7 – 19 所示。

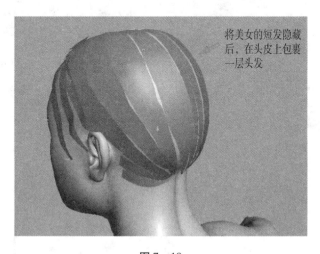

将美女的短发隐藏后，在头皮上包裹一层头发

图 7 – 19

因为平面只不过是薄薄的一片并紧贴头皮，所以在整个效果当中体现不出头发的层次感和蓬松感。解决方法是将里面的短发适当复制一些，并叠加在上面。这样既可以遮盖住露出的头皮，又能体现出头发的层次，如图 7 - 20 所示。

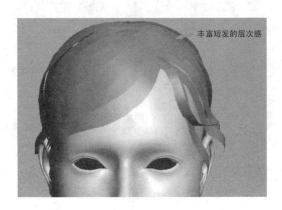

图 7 - 20

把所有的头发通过"附加"命令结合在一起，使用"软选择"工具，通过调节点来实现头发蓬松真实的效果，如图 7 - 21 所示。

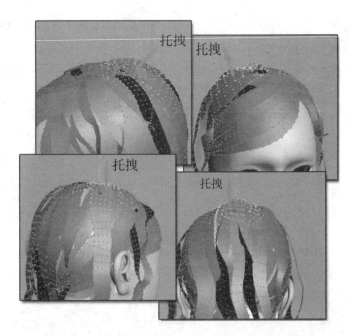

图 7 - 21

从图中可以看到头发的发根有凸起的棱角，因此还需要使用"松弛"命令把发根处理得圆滑平整些，如图 7-22 所示。

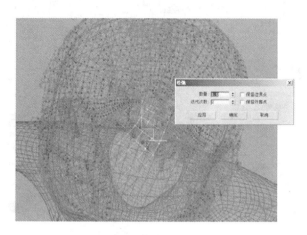

图 7-22

预期的工作就是利用前面所讲解的知识点不断地对发型进行调整和完善，尽管可以利用"对称"、"复制"等工具来减轻工作量，但要想得到自然好看的发型，制作过程还是极为烦琐的。需要有足够的耐心去克服障碍，踏踏实实做好每一步，才会获得预期的成效，如图 7-23 所示。

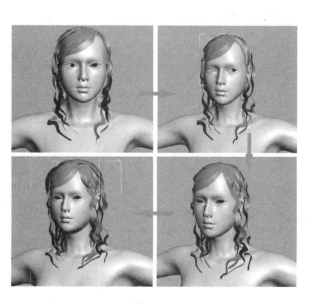

图 7-23

最终调整完的女孩头发效果如图 7 – 24 所示。

图 7 – 24

8 模型拓扑原理

一个角色完整的工作流程首先是在 ZBrush 软件中雕刻模型，然后拓扑、展 UV、制作贴图。前面我们详细地介绍了 ZBrush 雕刻模型的过程，而到了第八章我们开始进入下一个新的学习环节——为模型重新布线。

8.1 模型拓扑原理

一开始同学们可能会有这样的疑问：为什么 ZBrush 软件雕刻好的模型不能直接使用，而要重新拓扑？拓扑时为什么又要考虑布线？对于大家的疑惑，我们一一解答：

首先，我们在 ZBrush 软件中创建出来的模型由于面数过高，而且网格布线混乱，这样会对接下来的工作造成很大影响，因此不能直接使用。于是我们就要进行拓扑，重新创建一个合理的结构布线，并且保持模型原貌。

正确的结构布线能帮助我们更好地完成后续工作，特别是在制作贴图和动画时起关键作用。接下来我们会详细介绍布线的方法（见图 8-1）。

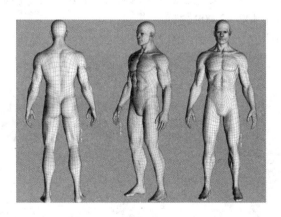

图 8-1

8.2 各类模型布线要求

模型一般分为影视用模型（高模）和游戏用模型（低模）两大类。

8.2.1　影视用模型（高模）

一般先是在三维软件中建立一个虚拟场景，按照所要表达的要求建立好模型、灯光、动画等操作，完成后让计算机自动运算，渲染生成的最终画面。这样就不需要显卡及内存进行大量的即时演算，也不用考虑后台服务器能承载多少玩家运行此游戏。因此我们在创建模型时，布线要符合动画原理，以达到视觉效果为主。面数精度要高，细节要丰富，尽量避免出现三角面（见图 8 - 2）。

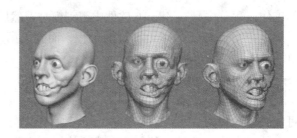

图 8 - 2

8.2.2　游戏用模型（低模）

低模又可分为网络游戏模型和次时代游戏模型，两者只存在精度和面数上的差别。

1. 网络游戏模型

由于网络游戏要保证玩家的电脑运行流畅，因此会对模型面数有着严格的控制要求，面数一般会控制在 400 ~ 2 000 之间。

制作时只要遵循建模基本原则，能表现出模型的轮廓，便可对模型进行任意拓扑，可以大量使用三角面进行低模制作，有效地节省资源（见图 8 - 3）。

图 8 - 3

2. 次时代游戏模型

次时代游戏模型的细节可以用法线贴图表现，而在建模时需考虑的是进行模型、贴图、材质等即时演算，因此要把面放在最有用的地方，在不影响其结构、精度、比例的情况下节省面数（见图8-4）。

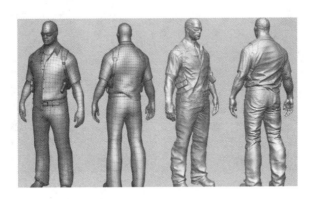

图8-4

随着 PC 硬件日新月异的更新换代，游戏机的推陈出新，次世代游戏对模型的要求也越来越高，单个角色面数过万已经不再是稀奇的事了（见图8-5）。

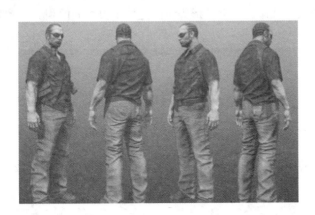

图8-5

8.3 模型布线方法及技巧

8.3.1 影视用模型（高模）

无论是游戏级角色还是电影级角色，布线的方法基本上都没有太大区别，只是在疏密程度上有所不同，基本上可以遵循这样的规律：运动幅度大的地方线条密集，这主要是为了能在做动画时，促使模型更加自由地伸展运动（见图8-6）；相反，运动幅度小的区域用稀疏的线，包括头盖骨和部分关节较少运动的地方。

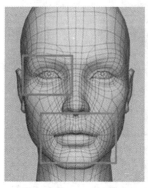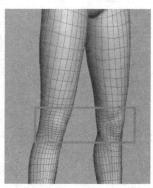

图 8-6

1. 均等四边形法

顾名思义，均等四边形法要求线条垂直或平行于骨骼走，线的排列规则、平均组成元素均是四边形。由于面与面的大小均等，排列有序，因此在进行后续制作时，包括展开拓扑图、给角色蒙皮以及添加肌肉变形等方面提供了很大的便利（见图8-7）。

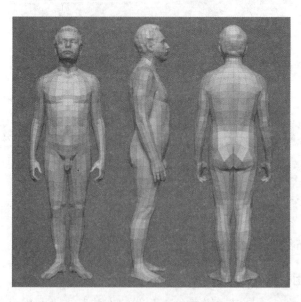

图 8-7

2．八星、二星、多边面和三角面

由于模型需要圆滑的关系，因此高模在布线方面忌讳的东西要比低模多很多。高模在圆滑后，那些塑造形体时创建的三星、三角面、多星、多角面会严重影响模型的平滑度、伸展能力以及肌肉正常变形。因此在无法避免的情况下，将八星和三角面尽量藏置在肌肉运动幅度较小的地方或在主视线以外的地方。

人脸作为整个模型的核心部位，要求比其他部位更严格，要更加细致地对其进行布线。眼眶和嘴部周围的线圈越多，就越有利于肌肉的伸展和表情动画的制作（见图8－8）。

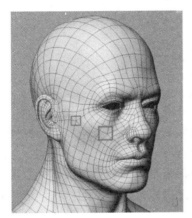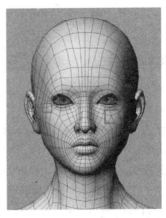

图8－8

3．一分三法

"一分三法"主要用于由简单向复杂的过渡处理（渐增细节），勾勒处的布线如果不按照"一分三"的方法将线分下来，鼻翼的外形就很难被塑造出来。大腿处如不用此方法，臀部线就不能进行自由的动画变形（见图8－9）。

说完"一分三法"，这里要提一下"一分二法"。它们是有本质上的区别的。"一分二法"一般用于改变线路的走向。脸部红色勾勒的八星和黄色勾勒的八星，是由不同肌肉在交界时产生的，起到了分流造型的作用。无论是"一分二法"还是"一分三法"，都会产生八星（见图8－9）。

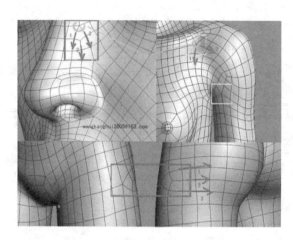

图 8-9

8.3.2　网络游戏模型（低模）

1．三角面的运用

游戏低模与影视高模恰恰相反，高模一般会尽量避免出现三角面，三角面一般情况下会出现在较为平整的面上，而转折较大的地方运用三角面，会对模型平滑后的效果产生一定的影响。

相反，对低模来说，高模忌讳的东西却是精简面和塑造形体的重要组成元素。低模布线的原则是，在尽可能少的面数下表现出尽可能丰富的结构细节。我们可以仔细观察下图模型的面数变化（见图 8-10）。

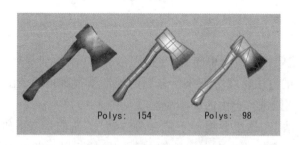

图 8-10

通过观察上图可以发现，在大形视觉完全不改变的状态下，运用三角面布线的模型要比四边面模型节省 86 个面，有效地节省了资源。

2．合理节省线段

游戏低模只要能够满足视觉、结构造型要求，那么我们怎样使用三角面都无限制，可以针对造型用的面，把所有对模型结构造型不产生影响的点全部塌陷，达到面的精简（见图8－11）。

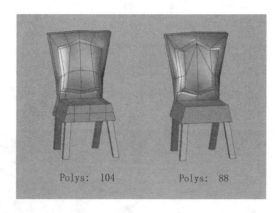

图8－11

8.3.3   次时代游戏模型（低模）

1. 布线规则

在准备拓扑模型前，我们首先要了解清楚所做模型的大形、结构、细节，根据大形去定出模型的比例，概括大形，根据走向清晰布线。

2. 精简线段，点线共存

在能够准确表达结构、形体的情况下，以最少的面进行表现，让模型中的每条线都发挥出实质性的作用。布线过密会给我们的贴图控制造成一定的难度，尤其是游戏和动画模型（见图8－12）。

图8－12

3. 正确处理三边面、五边面

在游戏建模中，三角面可以很好地表达转折位置，只要不出现破面即可。但在制作需要运动的模型时就要多考虑三边面、五边面的出现是否会影响往下的动作环节。

4. 养成良好的布线习惯

在不断的实践过程中，我们要养成良好的布线习惯，首先把握好整体的大形、比例，从多个角度切换观察、调整，随时处理出现的问题，做好游戏模型标准细致的表现设计，任何一个细小的地方都不能放过，哪怕是一个不显眼的小零件（见图 8 – 13）。

图 8 – 13

【小提示】模型布线原则：动则均匀，静则结构。

8.4　模型布线常见错误

在建模或重新布线时，往往因为疏忽大意而造成一些小的错误，这些小错误足以影响模型的整体效果。如果不及时处理，后果不堪设想。

下面和大家分享笔者雕刻时总结出的常见错误，希望对大家的制作有所帮助。

8.4.1　不完整几何体

不完整几何体是指没有完全闭合，模型上有开口的多边形，例如图 8 – 14 是一个由 17 个面组成的圆柱。

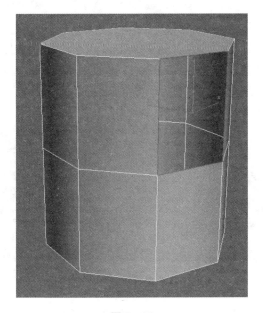

图 8 – 14

8.4.2   模型避免穿插

模型之间尽量避免穿插，意思是尽量不要让一个模型插入另一个模型。最好的做法是把重叠的部分删除，把多个零件尽量做成一个模型，节省面数之余又能提升加载速度（见图 8 – 15）。

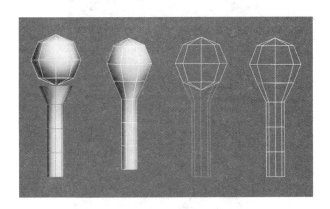

图 8 – 15

8.4.3 移除孤立顶点

孤立顶点是指不构成面的顶点，是多余出来的点，通常是我们制作时无意间复制了某个点，从而造成错误，孤立顶点也会对模型的最终效果产生影响，所以我们必须移除孤立顶点（见图 8-16）。

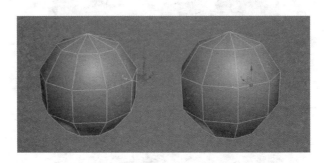

图 8-16

8.4.4 删除重合面

两个面重合，这种情况都是大家在制作过程中不小心复制了某个面而造成的。虽然问题不算严重，但为了避免影响最终的效果，制作完成后，一定要仔细检查模型，确保不会出错（见图 8-17）。

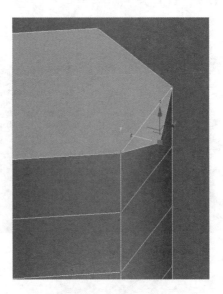

图 8-17

8.5　游戏模型注意事项

（1）由于低模不需要进行网格平滑，所以不忌讳三角面、多星以及多角面塑形。

（2）以最少的面来表现更多的结构及转折，并保证在相应面数下使边缘尽可能地圆滑。

（3）平坦部分尽量减少面数，而为了减少锯齿，表现出圆润的效果，有起伏、有弧度的部分需要一定的面数。

（4）重叠部分的面完全没有必要创建出来。

（5）可动画的关节处要保证骨点处有足够的伸展线，而受挤压的地方（垂直骨骼的线）伸展线相对较少，这样在弯曲时才不会破坏结构。

笔者在这里提醒大家，要想创建出好的模型，重要的还是靠实践，在实践过程中发现问题并及时解决，这样可以有效地提高模型质量（见图 8－18）。

图 8－18

这一小节给大家讲解了布线时需要注意的基本要点，希望大家能有所收获，下一小节我们将会为大家介绍布线的工具。

8.6　拓扑工具

拓扑是指在保持原始模型外貌及高分辨率的情况下重新创建正确的结构布线。然而现在随着软件的不断开发和更新，多个软件都可以实现拓扑这一工序，包括 ZBrush、Maya、TopoGun 等，接下来我们将会使用另一款，即较常用的三维软件 3ds Max 进行拓扑这项工作。

8.6.1　石墨工具

在 3ds Max 2010 以上的版本中，新添加了强大的石墨工具命令，合理运用好当中的命令，可以提高制作效率（见图 8－19）。

图 8 – 19

8.6.2 石墨拓扑

接下来要运用到的拓扑工具位置在自由形式选项下的绘制变形面板当中，用鼠标点击面板且不松开，直接拖拽到视图中（见图 8 – 20）。绘制变形同样是强大而便捷的工具，主要是对模型进行重新拓扑用的，下面通过实例的制作让大家学习每一项功能的具体操作，体会拓扑的真正意义。

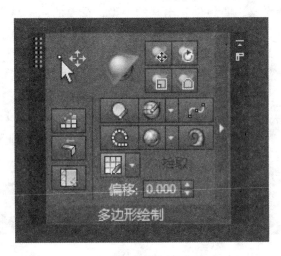

图 8 – 20

8.7 拓扑技巧

塑造盔甲角色模型完成后开始进行拓扑，在这之前，笔者先和大家分享一下拓扑时总结出的小技巧。

（1）拓扑前先理清思路，分析好模型结构布线的具体走向。

（2）减面后的低模另存一份，防止覆盖最初的高模文件。

（3）拓扑时，由于两边的模型对称，可以先将一半删除，完成拓扑后再添加对称修改器即可，这样便于我们进行拓扑工作。

（4）给低模一个显眼的颜色，便于我们识别高低模。

9 案例制作——盔甲拓扑

接下来，我们正式开始为盔甲角色模型进行拓扑工作。

9.1 案例制作——盔甲拓扑

（1）ZBrush 雕刻出来的模型面数少的有几十万、几百万，多的可以达到几千万。当导入百万面数以上的模型到 3ds Max 软件中时，足以让软件崩溃。因此，我们在导入文件进入 3ds Max 软件前，应该先对模型进行减面。

减面的方法有两种，一种可以使用 ZBrush 中的面数优化插件进行减面，效果惊人；另一种由于模型两边对称，我们可以将模型一边删除，减少一半面数。

由于我们雕刻的盔甲模型总面数不算太多，有 50 多万个面，因此我们可以选择第二种方法为模型进行减面。

用快捷键"X"取消对称模式，"Ctrl + Shift + Alt"键框选一半模型进行隐藏，面数减少一半，现在有 20 多万面数（见图 9 – 1）。

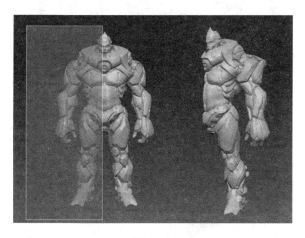

图 9 – 1

（2）完成减面操作后，按"Tool"面板下的"Export"按钮，选好路径将模型导出为 Obj 文件。

（3）打开 3ds Max 软件，点击图标下的菜单 > 选择导入按钮 > 然后找到刚才保存的 Obj 文件并打开。这个时候弹出对话框，我们勾选"作为单个网格导入"选项，其余的选项保持默认（见图 9 – 2）。

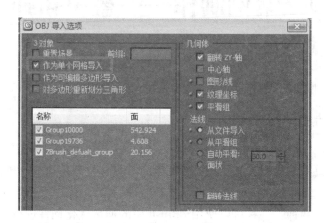

图 9 – 2

（4）模型导入场景后，要对它进行拓扑。首先要先转为编辑多边形模式。修改面板选择"可编辑网格"，右击，点击可编辑多边形（见图 9 – 3）。

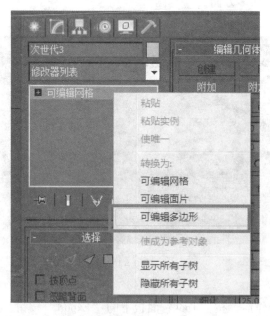

图 9 – 3

（5）为了不让面数影响到操作速度，我们将高模的头部、上、下半身以及手臂进行分离，这样拓扑时可以单独显示，增加电脑的运算速度。

具体操作首先进入多边形选面状态 > 再改变框选方式为自由模式 > 框选好分离区域后点击修改面板下的"分离"按钮，直接确定（见图9－4）。

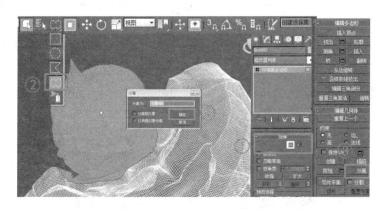

图9－4

【小贴士】具体分离操作过程详见配套光盘中的相关章节。

（6）点击石墨工具，将多边形建模板块拖拽到视图左侧，以便于我们往后进行的拓扑工作。

以上的准备工作完成后，现在正式开始重新规划网格。第一步先对头部进行拓扑，选择头部区域的所有面，按快捷键"Alt＋Q"孤立显示。

（7）首先要让拓扑工具知道你需要拓扑的模型对象，从而进行锁定。操作如下：

选择头部状态下拓扑工具面板中的"多边形绘制"按钮 > 选择"绘制于：曲面" > 激活旁边的"拾取"按钮，拾取模型头部 > 接着设置数值"偏移：1.000"，"最小距离：60"，数值设置完成后点击"新对象"（见图9－5）。

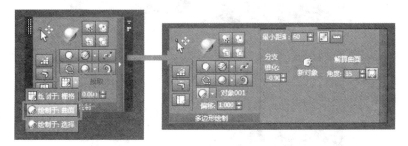

图9－5

【小贴士】各项参数设置的具体数值按实际情况而定。

各项参数的意义：

【偏移】"多边形绘制"用于在栅格上或在对象曲面上（取决于"绘制于"设置）创建几何体的距离。

【最小距离】在采取工具中的下一步骤前需要拖动鼠标的最短距离。例如，当使用"图形"工具时，该值确定在绘图时工具所创建的顶点之间的最小距离。

【新对象】创建新的"空"可编辑多边形对象，访问"顶点"子对象层级，并使当前"多边形绘制"工具处于激活状态。

（8）模型旋转到一个适合拓扑的角度，点击"条带 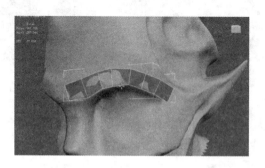"按钮，沿着模型结构走向在表面上进行拓扑（见图9-6）。

图9-6

【小贴士】在视口配置面板中，勾选"用边面显示选定项"，以便于我们区分高低模型。

（9）新创建出来的位置可能稍有偏移，我们选择"移动一致笔刷"拖拽调整。按"Alt"键调整笔刷强度，按"Alt + Ctrl"键调整笔刷大小（见图9-7）。

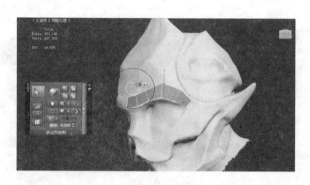

图9-7

在拓扑工具面板中，设有多个专门针对边面位置调整的命令，它们的具体作用如下：

拖动工具 使用此工具可以在曲面或网格上移动各个子对象。

一致笔刷 将笔刷下的曲面朝目标曲面推挤，并将其收缩封装到目标曲面。

移动一致笔刷 当将顶点一致到目标曲面时，在球形笔刷体积内沿目标曲面移动顶点。

旋转一致笔刷 当将顶点一致到目标曲面时，在球形笔刷体积内靠近笔刷中心转动。

缩放一致笔刷 当将顶点一致到目标曲面时，在球形笔刷体积内靠近笔刷中心缩放。

松弛一致笔刷 当将顶点一致到目标曲面时，在球形笔刷体积内将松弛效果应用到顶点。

（10）继续拓扑，点击"延伸 按钮，按住"Shift"键，沿着箭头方向拖拽出新的边面（见图9－8）。

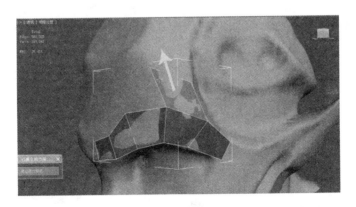

图9－8

（11）我们设想一下，如果把刚创建出来的四边面转换为三角面，那么既可以很好地表达出盔甲转折，又能节省面数（见图9－9）。

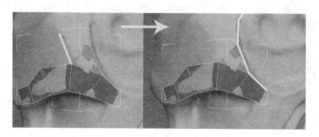

图 9 - 9

选择"优化 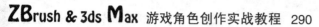"按钮,确定好需要塌陷的线段后直接点击,从而将两个顶点合二为一。

(12) 遇到边界与边界的顶点,我们可以选择"延伸"按钮,直接拖动边界顶点以创建多边形(见图 9 - 10)。

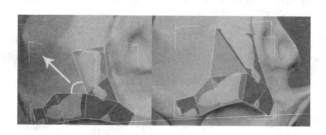

图 9 - 10

(13) 按照同样的方法继续往下面内容拓扑(见图 9 - 11)。

图 9 - 11

【小贴士】把鼠标移动到拓扑工具按钮上,会自动弹出每项命令的具体操作说明。

(14) 对初学者的建议是,首先把头部的主线先确定下来,然后沿着结构走向把面填补完整。因此我们在拓扑前先要确定好主线，以便于接下来要进行的工作（见图 9 – 12）。

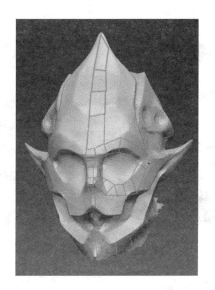

图 9 – 12

次放置四个顶点时，便会自动创建一个新的多边形（见图 9 – 13）。

图 9 – 13

（15）肩膀盔甲拓扑的最终效果图（见图 9 – 14）。

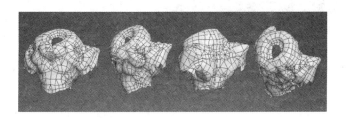

图 9 – 14

（16）由于拓扑每个模型区域的方法都是大同小异，这里就不做详细的演示了，具体操作大家可以观看配套光盘中的相关章节，也可以参考模型拓扑最终效果图（见图9－15）。

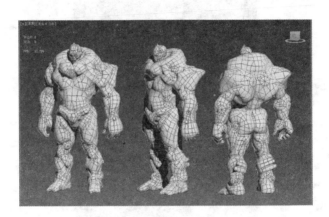

图9－15

我们可以把 UV 上的每个点看作一种标记，每个点上都有相信的 UV 信息，二维纹理通过 UV 坐标映射到模型表面上。如果 UV 本身有重叠或拉伸，那么贴在模型上的纹理图案也会有相应的变形效果，因此，展好一个 UV 对于模型贴图来说是十分重要的。

例如，一个立体的正方形盒子，我们在盒子上添加开口把它展平成六个平面平铺在地面上，可以观察，被展平盒子上的点与立体盒子上的点的位置相对应关系（见图9－16）。

图9－16

9.2　拆分 UV 技巧

在进行 UV 拆分时，笔者总结了几点应注意的地方，在这里先和大家分享一下。

（1）避免 UV 出现重叠，这样会严重影响模型贴图效果。

（2）尽量不要把模型展得太琐碎，不易于之后的贴图。

（3）对于拉伸、扭曲严重的地方尽量铺平。

（4）UV 不仅影响纹理贴图，对于法线、凹凸、置换等相关的贴图都有着重要的影响。

（5）合理利用 UV 贴图空间，把模型贴图尽量放在同一张 UV 上。

9.3　案例制作——拆分角色模型 UV

展 UV 的软件有很多种，例如 Unfold 3D、UVLayout、Maya 等大家都可以去尝试一下。接下来，这一节我们继续使用 3ds Max 软件本身自带的展 UV 命令对上一步拓扑好的盔甲模型进行 UV 拆分。现在开始学习 UV 的具体操作。

由于角色两边的材质、模型相同，因此我们可以把一边的模型先删除，只需要展开剩下一边的 UV 和贴图，最后给模型添加对称修改器即可，这样不但可以节省 UV 贴图空间，还能提高效率。

（1）导入拓扑好的低模文件，选择一半的面删除（见图 9 - 17）。

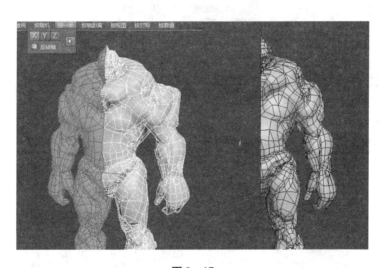

图 9 - 17

（2）添加"UVW 展开"修改器，进入边模式，再激活以点对点边选择的方式（见图 9 - 18）。

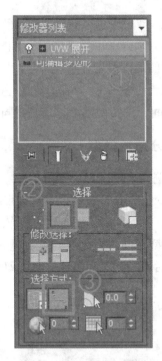

图 9 - 18

（3）头部区域用点到点的方式选择 UV 开口位置，已被选择的线会变为红色（见图 9 - 19）。

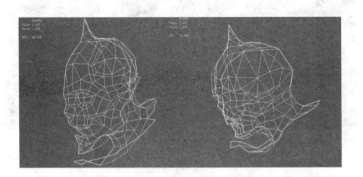

图 9 - 19

（4）点击"剥"修改面板下的接缝按钮，将选择好的边线转换为接缝，边线呈现蓝色时证明已成功转换为 UV 开口接缝（见图 9 - 20）。

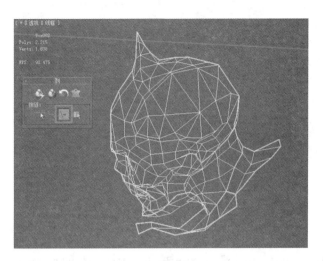

图 9 - 20

（5）接着进入面模式，点击"剥"面板下的将面选择转换为接缝图标，然后点击快速拨开图标。具体的操作顺序如下（见图 9 - 21）。

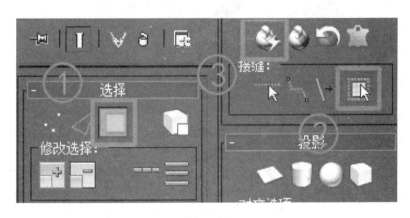

图 9 - 21

（6）点击"快速剥"后模型 UV 自动展开，在弹出的 UV 编辑器中选中头部 UV 点击右键，弹出菜单，选择最下方的"松弛"命令，接着选择"曲面角松弛"模式，点击"开始松弛"（见图 9 - 22）。

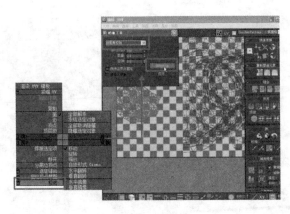

图 9 – 22

（7）仔细观察展得是否正确，有没有扭曲等现象（见图 9 – 23）。

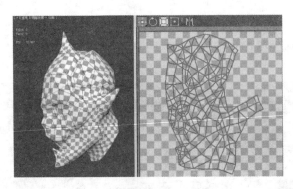

图 9 – 23

（8）相同操作，给模型其余区域先确定 UV 开口位置，其中包括肩膀、手臂、手指根部和两侧、躯干以及大腿，具体分割位置可参照效果图（见图 9 – 24、9 – 25、9 – 26）。

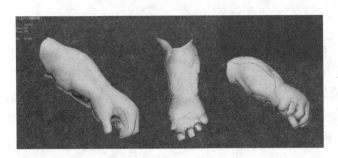

图 9 – 24

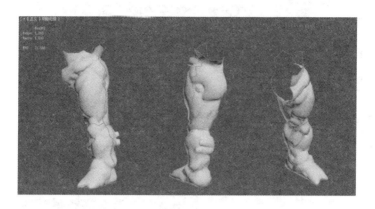

图 9 – 25

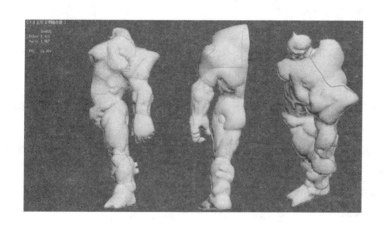

图 9 – 26

【小贴士】在选择开口位置时要考虑 UV 接缝问题，虽然可以得到平整的 UV，但是由于开口位置多，接缝也会相对增多。因此，在切割时尽量选择内侧不容易出现在镜头前的位置。

（9）UV 处理方法大致相同。接下来，我们通过移动、旋转、缩放调整，合理地运用空间把所有的 UV 摆放在同一象限上，这样可以提高 UV 的利用率。注意：UV 之间不能重叠，UV 摆放不能超出规定区域，否则，直接影响纹理效果（见图 9 – 27）。

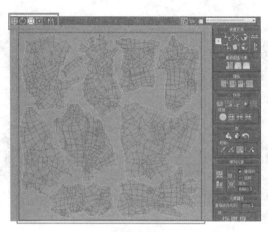

图 9 - 27

【小贴士】展开 UV 具体操作过程，详见配套光盘中的相关章节。

9.4　AO、Cavity、法线贴图生成

生成贴图的方法有很多，较常用的有以下几种：

（1）使用 ZBrush 自带输出功能输出贴图。这种方法的优点是操作方便，缺点是贴图细节较弱，可能会产生接缝。

（2）XNormal 软件生成贴图。操作同样方便，贴图细节丰富，效果较好。

（3）3ds Max 自带渲染，优点是无接缝，正确率较高，贴图细节丰富，效果好。

在接下来的环节中，我们将 XNormal 软件和 3ds Max 自带渲染器交互使用，把次时代盔甲模型的 AO、Cavity、法线贴图制作出来。

笼子调整到下图效果即可（见图 9 - 28）。

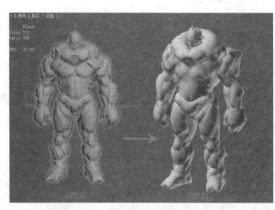

图 9 - 28

【小贴士】要想得到好的吸附效果，笼子必须相互不穿插，位置刚好包裹在模型上。

（4）完成后，对贴图进行渲染。"输出"面板下的"添加"按钮，添加需要渲染的贴图类型，这里我们只需要选择 NormalsMap 法线贴图。接着把贴图名称、路径、大小设置好，然后按"渲染"按钮生成贴图（见图 9–29）。

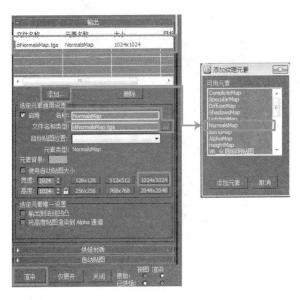

图 9–29

（5）渲染出来的贴图红色区域表示模型与笼子重叠的地方（见图 9–30 左图），我们可以通过检查贴图点模式手动来调整笼子的位置，使模型之间无穿插（见图 9–30 右图）。

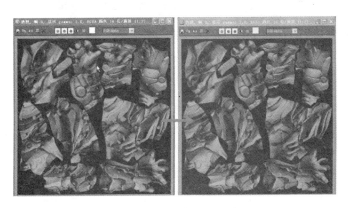

图 9–30

（6）低面数的模型上显示高模细节，按快捷键"F9"渲染效果（见图 9 – 31）。

图 9 – 31

（7）点击"Generate Maps"开始渲染，AO 贴图最终效果（见图 9 – 32）。

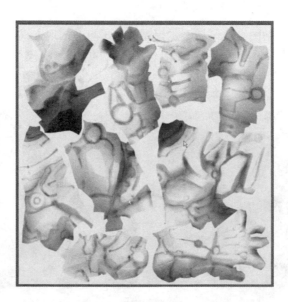

图 9 – 32

（8）新建标准材质球，漫反射通道载入 AO 贴图，凹凸通道载入法线，凹凸添加法线贴图，把材质球赋予模型，得到下图效果（见图 9－33）。

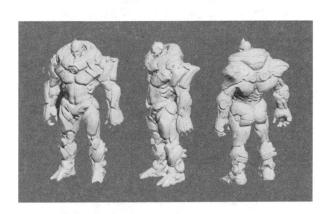

图 9－33

（9）调整完后，鼠标右键材质面板中"混合"材质贴图，点击"渲染贴图"，设置宽度为 2048 像素 × 2048 像素，保存输出路径，点击渲染，得到一张新的贴图（见图 9－34）。

图 9－34

（10）把刚渲染的固有色贴图载入"高光级别"以及通过混合材质载入"漫反射颜色"通道中测试，可以得到下图的效果（见图 9－35）。

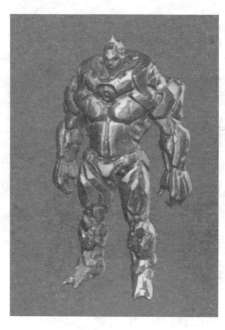

图 9 – 35

（11）把贴图加载到材质球中进行测试，观察发现目前的贴图材质比较单一，金属感还是表现不出来，质感不够真实，因此接下来要给贴图加上一些金属的纹理进行叠加，完善效果（见图 9 – 36）。

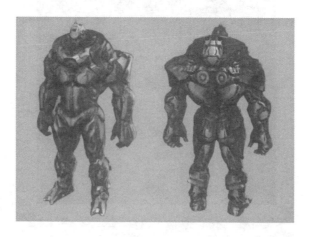

图 9 – 36

（12）选择金属素材，"编辑"菜单下选择"定义图案"填充纹理，得到一张新的金属纹理贴图（见图 9 − 37）。

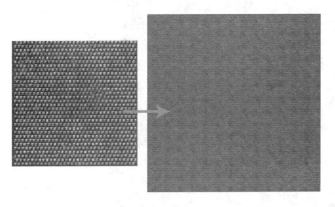

图 9 − 37

　　然后把金属纹理贴图以"排除"模式叠加到"固有色"图层上方，得到不错的金属效果（见图 9 − 38）。

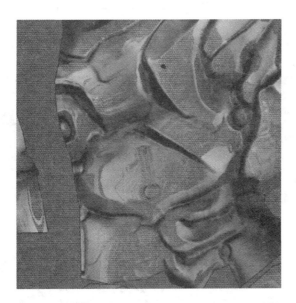

图 9 − 38

　　（13）金属质感能表现出来，但现在的材质缺少体积感，针对这一点可以继续通过图层叠加完善贴图效果。PS 中导入"EMB 模式的 Cavity Map"贴图，用快捷键"Ctrl + L"调整色阶，以"颜色减淡"模式图层叠加到固有色最顶层位置（见图 9 − 39）。

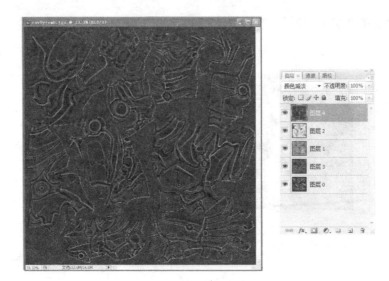

图 9 – 39

【小贴士】"EMB 模式的 Cavity Map"贴图可以使凹凸感更加强烈，凹缝处加深，增强模型的体积感。

（14）保存贴图，载入 3ds Max 中渲染测试，金属效果明显增强（见图 9 – 40）。

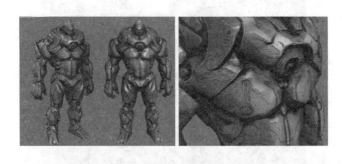

图 9 – 40

（15）每一次编辑完"固有色"贴图后，都要返回 3ds Max 中进行测试并观察效果，然后根据效果对贴图做出相应调整（见图 9-41）。

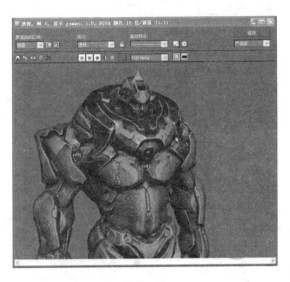

图 9-41

（16）其他区域材质的基本操作顺序和方法大致相同（见图 9-42、9-43、9-44），具体操作大家可以参考配套光盘中的相关章节。

图 9-42

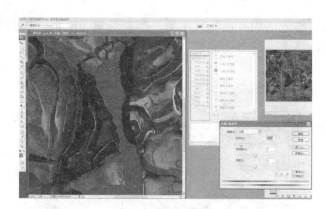

图 9 – 43

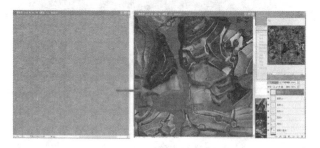

图 9 – 44

（17）要绘制一张好的"固有色"贴图，其实难度并不高，技术点在于我们如何把图层叠加模式运用好，质感之间的颜色、纹理搭配以及整体效果是否协调，要敢于尝试，多做测试，根据效果耐心进行修改。

"固有色"贴图绘制完成，把材质赋予模型，并查看效果（见图 9 – 45）。

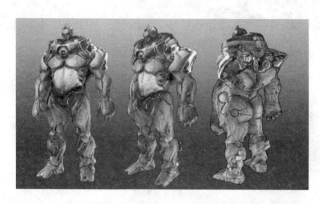

图 9 – 45

（18）新生成的滤镜贴图以"线性光"模式叠加到原始高光图层上，接着导入"EMB 模式的 Cavity Map"贴图，以"差值"模式叠加到图层上，完成以上操作后，从整体上调整色阶（见图 9 – 46）。

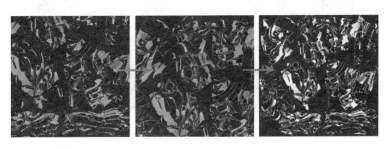

图 9 – 46

（19）要想"自发光"贴图起到明显效果，"固有色"贴图要做适当的变暗调整。打开已完成的最终"固有色"贴图及"AO"贴图，把"AO"贴图头部的区域拖拽到"固有色"贴图上，以"正片叠底"模式叠加图层（见图 9 – 47）。

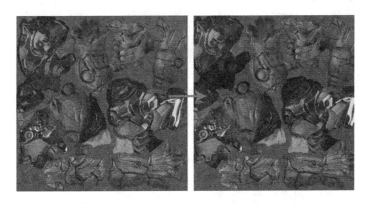

图 9 – 47

（20）打开材质编辑器，把"自发光"贴图载入"自发光"通道，勾选"基本参数"面板下的自发光颜色，用"F9"渲染测试效果（见图 9 – 48）。

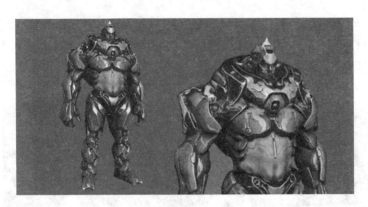

图 9 – 48

【小贴士】完整操作过程详情可参见配套光盘中的相关章节。

贴图制作已经进入尾声了，观察一下模型，现在表面比较光滑，还缺少一些凹凸感，因此我们要针对盔甲区域添加表面金属凹凸。

（21）用 PS 软件打开绘制好的"固有色"贴图，点击图层面板，除了保留最底层原始的"固有色"贴图以及两种不同模式的"Cavity"贴图外，其余图层全部取消显示（见图 9 – 49），接着载入选区，把不需要产生凹凸效果的区域填充为黑色（见图 9 – 50）。

图 9 – 49

图 9 – 50

（22）完成以上操作后，合并图层，用"Ctrl + Shift + U"键去色，让图片只显示黑白灰，接着把图片保存为 BMP 格式，命名为"凹凸"贴图。

（23）打开 xNormal 软件，点击右侧"Tools"面板，选择第一个"Height Map to Nomal Map"，把凹凸转换为法线选项（见图 9 – 51 左图）。

"Height Map"视窗右键导入"凹凸"贴图，把"Swizzle Coordinates"的 Y + 改为 Y –，"Normal Map"视窗右键生成法线贴图（见图 9 – 51 右图）。

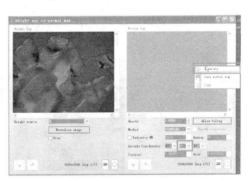

图 9 – 51

（24）打开 PS 软件，将盔甲模型法线贴图打开，再把刚生成出来的"凹凸"法线贴图，以"柔光"模式叠加到法线图层上。

将图片放大观察，凹凸纹理能很好地融入法线贴图里，得到不错的效果（见图 9 – 52）。

图 9 – 52

【小贴士】可以通过复制"凹凸"法线贴图图层来增加凹凸强度。

9.5　赋予模型完整的材质、灯光

到这里，我们已经全部制作完成盔甲模型所需要的贴图了，接下来我们就把这些贴图贴入 3ds Max 材质球相应的通道中，再打上灯光，把最终效果渲染出来。

在这之前先把准备工作做好，给每张贴图命好名字（见图 9 – 53），把需要用到的贴图整理好并放到同一文件夹中，以便于后面的操作。

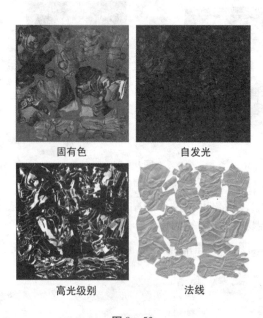

固有色　　　　　　　　　　自发光

高光级别　　　　　　　　　法线

图 9 – 53

（1）打开3ds Max材质面板，新建一个标准材质球，操作步骤如下（见图9-54）：

第一步，"固有色"贴图连接"漫反射"通道。

第二步，"高光"贴图连接"高光级别"通道，"基本参数"面板下的"光泽度"设为19。

第三步，"自发光"贴图连接"自发光"通道，勾起"基本参数"面板下的自发光"颜色"选项，"贴图"面板下的"自发光"数量设为40。

第四步，"凹凸"通道连接"法线凹凸"材质，接着把"法线"贴图连接到"法线凹凸"材质的"法线"选项上。"贴图"面板下的"凹凸"数量设为100。

参数调整完毕后把材质球赋予盔甲模型，用"F9"渲染模型。

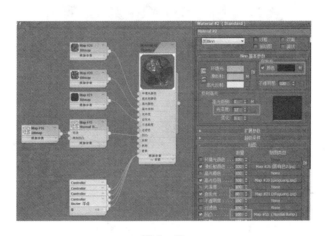

图9-54

第五步，配合模型效果把灯光给打上，点击灯光面板，在场景中分别打上三盏"目标聚光灯"，具体位置和参数如下（见图9-55、9-56）：

"目标聚光灯A"勾起"阴影"选项，"倍增"值为1.381；

    "灯光颜色"R：224，G：211，B：229，"阴影贴图偏移"值为0.01；

    "大小"值为2 222，"采样范围"值为4.0。

"目标聚光灯B"勾起"阴影"选项，"倍增"值为1.092；

    "灯光颜色"R：29，G：102，B：185，"阴影贴图偏移"值为0.01；

    "大小"值为2 222，"采样范围"值为4.0。

"目标聚光灯B"勾起"阴影"选项，"倍增"值为1.422；

    "灯光颜色"R：216，G：92，B：2，"阴影贴图偏移"值为0.01；

    "大小"值为2 222，"采样范围"值为4.0。

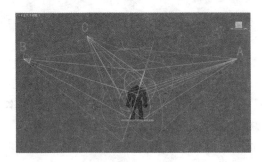

图 9 - 55

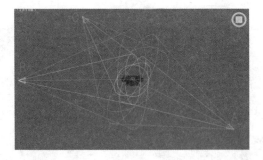

图 9 - 56

【小贴士】灯光的具体位置和参数设置，根据实际效果而定。
（2）次时代盔甲角色模型最终效果图完成（见图 9 - 57）。

图 9 - 57